黑龙江生物科技职业学院

高水平高职院校建设项目成果——项目化课程系列教材

猪生产

马　君　主编

黑龙江大学出版社
HEILONGJIANG UNIVERSITY PRESS

哈尔滨

图书在版编目（CIP）数据

猪生产 / 马君主编 . -- 哈尔滨 : 黑龙江大学出版
社，2019.7
ISBN 978-7-5686-0380-5

Ⅰ．①猪… Ⅱ．①马… Ⅲ．①养猪学 Ⅳ．①S828

中国版本图书馆 CIP 数据核字 (2019) 第 124873 号

猪生产
ZHU SHENGCHAN

马 君 主编

策划编辑	张永生	
责任编辑	张永生	
出版发行	黑龙江大学出版社	
地　　址	哈尔滨市南岗区学府三道街 36 号	
印　　刷	哈尔滨市石桥印务有限公司	
开　　本	880 毫米 ×1230 毫米　1/16	
印　　张	10.75	
字　　数	274 千	
版　　次	2019 年 7 月第 1 版	
印　　次	2019 年 7 月第 1 次印刷	
书　　号	ISBN 978-7-5686-0380-5	
定　　价	30.00 元	

编委会

总　序

目前,我国高等职业教育的院校数量和办学规模都有了长足的发展,高等职业教育也进入内涵建设阶段。从高职院校实施重点建设项目的进程来看,从新世纪高等教育教导改革项目开始,到2006年开始的"国家示范性高等职业院校建设计划"骨干高职院校建设项目,再到2015年启动的优质高职院校项目,应该说,进入改革发展新时代的高职院校已经具备了一定的内涵建设水准。如果内涵建设是高水平高职院校建设的基础,那么一定数量的高水平专业就应该是基础之基础,而课程建设更是高水平专业建设的难点和重点。对一所学校来说,所有先进的教学理念、教学改革观念,只有落实到每一位老师上,落实到每一门课程中,落实到每一堂课的教学中,才能真正发挥效用。

《国务院关于加快发展现代职业教育的决定》(国发〔2014〕19号)明确提出,要推进人才培养模式创新,推行项目教学、案例教学、工作过程导向教学等教学模式。为了以突出能力为目标、以学生为主体、以素质为基础、以项目和任务为主要载体,开发出知识、理论和实践一体化的课程,2015年1月,黑龙江生物科技职业学院聘请教育部高职高专现代教育技术师资培训基地、国家示范性高等职业院校——宁波职业技术学院戴士弘教授所组成的专家团队,开展了为期一年的教师职业教育教学能力培训。全院专任教师完成了主讲课程的项目化教学课程整体和单元设计,有81.39%的专任教师通过了专家组的测评。通过项目化教学课程改革,有效提升了教师的课程开发能力、教学设计能力、项目化教学实施能力和项目化教改研究能力,为提升课堂教学质量打下了坚实基础。2016年,学院明确将优质项目化课程建设作为教学工作重点,制定了《优质项目化课程建设实施方案》《骨干专业项目化课程体系改造实施方案》等推进制度。在《项目化课程教材编写实施方案》中,明确了项目化教材既是教材又是学材、既是指导书又是任务书、既承载知识又强调能力的总体编写思路。项目化教材要打破学科体系,以实际结构设计任务为驱动,按项目安排教学内容;在内容的编排上,要遵循基于工作过程、行动导向教学的"六步法"原则;在教学目标的实现上,要依据课程改革要求和工作实际需求对相关知识点加以整合,使教学真正与工作过程相关联;在考核评价上,要通过工作任务的完成使学生掌握知识、技能,对项目教学过程与结果进行评价。教材还应附有项目工作分组表、项目工作计划表、项目控制方案、项目报告模板和项目考核表等。要多引入职业标准、专业标准、课程标准、行业企业技术标准及操作规范、企业真实的案例等内容,所选定的项目必须能正确反映行业的新技术、新产品、新工艺和新设备等。2016年起,学院通过4批遴选确定了51门课程为优质项目化课程建设项目。通过2年多的建设,蔡长霞、翟秀梅、杨松岭等11名院级评审专家与课程负责人共同以"磨课"的方式,一门课程一门课程"说"设计、一个单元一个单元"抠"细节,打造了一批优质项目化课程。

"白日不到处,青春恰自来。苔花如米小,也学牡丹开。"这首《苔》是清代诗人袁枚的一首小诗,可以让人领悟到生命有大有小,生活有苦有甜的道理。默默耕耘在高职一线的教师如无名的花,悄然地开着,不引人注目,更无人喝彩。就算这样,他们仍然那么执着地盛开,认真地把自己最美的瞬间毫无保留地绽放给了这个世界。今天,看到学院第一批项目化课程系列教材的 5 部作品即将问世,我觉得经济管理系翟继云,建筑工程系张树民,食品生物系李晶、李威娜和信息工程系荣慧媛等老师,就像是一朵朵苔花,虽然微小,却也像牡丹那样,开得阳光灿烂,开得芳香怡人!花朵虽香,凝聚的却是众人的汗水。我不敢专美,更不敢心中窃喜,我知道前面的路还很长 ……

值此学院喜迎 70 周年华诞之际,黑龙江省高水平高职院校建设项目的标志性成果——项目化课程系列教材是献给学院的生日礼物,令我非常感动,也十分欣慰!我希望全院教师不忘初心,把全部的精力用于课程改革和课程建设中,专注课堂、专注学生,继续开发出更多、更好的项目化教材和教学资源并应用到教学中去,唯其如此,学院建设高职强校的目标必能早日实现!

黑龙江生物科技职业学院院长

李东阳

2018 年 8 月于哈尔滨

前　言

　　本教材是根据《教育部关于开展现代学徒制试点工作的意见》(教职成〔2014〕9号)、《黑龙江省教育厅关于开展职业教育现代学徒制试点工作的实施意见》(黑教发〔2017〕68号)文件精神,在黑龙江生物科技职业学院畜牧兽医专业2016级、2017级、2018级现代学徒制试点班的教学过程中,由学院的学业教师和合作企业学生的师傅共同编写而成的。

　　本教材按学徒岗位设置了六个项目的学习内容,即项目一:后备猪舍生产;项目二:种公猪舍生产;项目三:配怀舍生产;项目四:分娩舍生产;项目五:保育舍生产;项目六:育肥舍生产。其中,项目一、项目二和项目六由学业教师马君编写;项目五由学业教师李亚丽编写;项目三由学生的师傅陆晶编写;项目四由学生的师傅张文静和刘晓轩编写。

　　本教材以岗位工作导向为主线,以每个岗位的工作任务为主体(每个工作任务均为独立的技术工作过程)而编写。在编写体例上,每一项目均设有知识目标、技能目标、素质目标、项目导入、任务实施、知识链接和项目测试等内容。其中,"知识链接"有助于学生在知识的深度与广度方面进行拓展,"项目测试"有助于对学生的学习效果进行评价。此外在学徒过程中,学生的师傅还可适当给学生增加有关养猪新技术、新信息方面知识的传授。

　　本教材适用于黑龙江生物科技职业学院畜牧兽医专业现代学徒制试点班级,也可作为畜牧兽医专业、动物医学专业项目化教学的参考书。

目　　录

项目课程设计

一、教学分析

本课程以高等职业教育(简称高职)"十三五"规划教材《猪生产》为基础,适用于高职畜牧兽医专业二年级学生。本课程在学生已掌握专业知识和技能的基础上,采用"教学做"一体化教学方法,使学生在生产实践中边工作边学习,并在解决猪生产所出现问题的过程中,充分掌握猪生产的理论知识。同时,培养学生的吃苦耐劳品质、团队协作精神和良好的执行力,以及克服困难、勇于创新的自主学习能力。

二、教学目标

本课程的教学内容为国内外养猪业的发展现状介绍及存在问题分析;教学重点为掌握国内养猪业发展现状;教学难点是根据国内养猪业的现状及存在的问题,找出合理的对策。

根据"猪生产"课程标准,结合本课程的教学内容,我们确定了三个教学目标。

1. 知识目标

(1)理解与掌握国内外养猪业的现状,并比较其不同之处。

(2)分析中国养猪业存在差距的主要原因。

2. 能力目标

(1)分析中国养猪业的发展现状及存在的问题,并制定出合理的对策。

(2)根据黑龙江省的地域特点、投资人的经济能力和市场需求,分析适合饲养的猪品种。

3. 素质目标

(1)培养学生分析问题、解决问题的能力。

(2)提高学生的责任意识。

三、教学设计

1. 教学方法

本课程主要采用任务驱动教学法,让学生通过自学、讨论以及小组合作实施的方式来完成任务。

2. 教学设计理念

本课程充分利用信息化教学手段,以培养家畜饲养工为出发点,以学习国内外养猪业的现状为重点,按照了解现状、查找差距、找出问题、分析对策的流程实施教学,从而使学生在学习过程中理解和拓展相关知识。

四、教学过程

教学过程设置了五个环节,即任务导入 2 分钟,教师授课 50 分钟,小组讨论、分析问题并提出对策 20 分钟,任务评价 15 分钟和布置下节课任务 3 分钟。

1. 任务导入

教师通过分析案例,指出中国畜牧业的发展现状及其在国际上的地位,再进一步分析黑龙江省畜牧业目前的发展状况,进而引出畜牧业在国民经济中所占的重要地位。

　　畜牧业是我国农业的一个重要组成部分,是国民经济的基础产业和农村经济的支柱产业。养猪业是畜牧业的重要产业成分,《黑龙江省国民经济和社会发展第十三个五年规划纲要》提出,要加快发展畜牧业,实施"两牛一猪一禽"工程,到2020年,全省畜禽规模化养殖所占比重要达到60%以上。

　　养猪业在农业中占重要地位,我国及我省的养猪业发展现状很好。那么,国外养猪业在畜牧业发展中的地位及现状如何? 我国养猪业在国际上的地位如何? 教师通过给学生设置几个疑问,充分调动学生参与教学活动的积极性,激发学生进一步学习以及查阅资料的热情。

　　2.教师授课

　　教师利用视频、图片、案例等介绍国内外养猪业的发展概况,使学生掌握国内外养猪业过去、现在的发展状况,引出需要学生分析的问题:国内外养猪业的比较以及中国养猪业存在的差距。

　　3.小组讨论、分析问题并提出对策

　　(1)分析问题

　　各小组通过各种方式(可以使用手机)查阅资料,比较、分析我国养猪业和发达国家养猪业之间的差距,并找出存在的问题。

　　(2)找出对策

　　每个小组针对分析的问题进行讨论研究,并提出对策。教师给予指导。

　　4.任务评价

　　每个小组派代表就分析的问题以及找出的对策进行汇报。各小组之间针对问题开展自评和互评,教师进行总评。

　　5.布置下节课任务

　　通过本节课的学习与总结,教师指导学生分析我国养猪业存在的问题,并提出对策,即要提高中国养猪业在世界的地位,必须加强猪生产各阶段的饲养、管理水平。基于此,布置下节课任务。

【知识链接】

　　畜牧业是国民经济的基础产业,畜牧业的发展为人们的日常生活提供了肉、蛋和奶等丰富的产品,有助于改善人们的生活。在畜牧生产中,猪生产作为其重要的组成部分占有非常重要的地位。我国是世界第一养猪大国,也是第一猪肉产品消费大国。我国已成为生猪存栏数及年出栏数量全世界增长最快的国家之一。

一、养猪业在国民经济中的重要作用

　　1.为人类提供动物性食品

　　猪肉是人类的主要肉食品种,猪肉消费占肉类消费的67%。猪肉营养丰富,消化率高,适于各种烹调和加工。猪肉还能制成多种肉制品,以满足人们的不同口味。

　　2.为工业生产提供原料

　　猪不仅能为人们提供肉类产品,猪鬃、猪皮等还是毛纺、制革等工业的重要原料。

　　3.提供出口产品

　　活猪、猪肉及肠衣等是我国重要的出口产品,可以换取外汇。

4. 为医学做贡献

猪的解剖生理结构与人类有相似之处,因此常被用作医学研究的试验动物。

5. 为农业生产提供优质有机肥料

猪粪尿富含氮、磷、钾等元素,肥效长,有利于改善土壤的理化性状和结构,提高土壤肥力,属于优质农家肥。猪粪尿还可为淡水养鱼提供饲料以及生产沼气。

二、国外养猪业的发展现状及趋势

随着养猪业规模化和集约化生产的持续发展,国外养猪业发生了巨大的变化。

(一)发展现状

1. 养猪场的数量逐渐减少,养猪业不断向规模化和产业化方向发展。

2. 饲料工业发达。为了使猪能更好地利用营养物质,加强了新型蛋白质饲料资源的开发利用;为了减少环境污染,提供更好的安全食品,加强了饲料中环保和无抗添加剂的研制。

3. 高效益的饲养管理。为了改善猪舍和猪场环境,猪粪尿主要用于农田,既能使粪污处理成本降低,又能使猪与人和自然和谐共生。

4. 将猪生产与环境保护和生态农业结合起来。为了加强疾病控制,注重猪病的预防,既能降低成本,又能提高食品安全,同时也能减少环境污染。

(二)发展趋势

目前,养猪业发达国家的养猪技术水平较高,其年猪肉生产量已趋于平稳,而发展中国家的猪肉生产水平及人均消费量则继续保持增长势头。发展趋势如下:

1. 专业化生产和集约化经营不断发展。

2. 肉猪的生长速度、饲料的利用率和胴体品质不断提高。

3. 种猪的繁殖力不断提高。

4. 动物保健和环境保护不断加强。

5. 养猪业的经济效益不断提高。

三、我国养猪业的发展概况

(一)发展现状

1. 具有悠久的养猪历史

我国在养猪实践上积累了丰富的经验,总结出了"猪多肥多,肥多粮多,粮多猪更多"的猪粮结合的生态农业模式。这种良性生态循环对农业可持续发展具有重要意义。

2. 猪的品种资源丰富

经过长期的自然选择与人工选择,我国拥有许多各具特点的地方猪种。这些猪种具有繁殖力高和肉质优异的特性,为杂种优势利用、提高母猪年生产力、改善肉质等提供了宝贵的猪种基因库。例如,华南型猪曾对育成世界著名的约克夏猪和波中猪做出过卓越的贡献,而太湖猪、东北民猪则已被法、英、美等多个国家引入,正在为改良欧美猪的繁殖性能、肉质和适应性做出新贡献。

3.存栏数和猪肉产量持续快速增长

我国的生猪存栏数和猪肉产量一直居世界首位。

(二)发展中存在的问题

1.存栏数多,出栏率低

我国的生猪存栏数占世界50%以上,居世界首位,但出栏率仅为127%左右,远远落后于英国、丹麦等养猪业发达国家(出栏率是反映母猪年生产力、肉猪生长力和经济效益的重要指标)。同时,每头存栏猪提供的肉量也低于法、英等国。这些都反映出了我国的母猪年生产力、肉猪生长力水平较低。

2.地方猪种资源的保护和利用问题

自改革开放以来,我国养猪业陆续从国外引进一些优良的猪种,并进行了品种改良,这项措施对于提高我国养猪业的生产水平起到了重要作用。但与此同时,我国的一些地方良种由于产肉和生产性能低,难以参与竞争,而国家所给的保种费又有限,因此导致一些良种面临着灭绝的危险。这就要求我们必须采取有效措施,保护优良猪种资源。

3.防疫体系不完善

对养猪业威胁较严重的原有的疫病尚未消除(如猪瘟等),近年来又有一些新的传染病威胁着养猪业。例如,对于猪繁殖障碍综合征,目前尚无有效的防治办法。由于疾病对养猪业的危害尚未消除,加之有些中小型猪场的防疫体系没有做到系统化,很多疾病的整体防治措施不健全,所以给养猪业的发展带来了严重的危害。

4.环境污染问题

自我国施行"菜篮子"工程以来,集约化畜牧生产得到了很好的发展,特别是在城郊地区,为满足人们对于肉、蛋、奶的需求做出了一定贡献。但与此同时,规模化猪场不仅自身环境不断恶化,而且对周围环境造成了严重污染。

5.养猪业波动大,宏观调控能力差

近些年来,猪肉的价格波动频繁,并且波动的周期越来越短、幅度越来越大。对此,由于缺乏有力的调控措施和手段,所以生产者常常感到无所适从,以致影响了生产积极性。

6.畜产品的安全问题

近几年,虽然畜牧业发展快速,但与其配套的环境检测手段仍较为落后,同时部分监督管理部门又监管不严,以致畜产品在生产和流通过程中出现了许多安全问题。

(三)发展趋势

我国未来的养猪业将逐步走上正轨,猪肉生产也将由数量型向质量型转化。我国的生猪存栏数将有所减少,原因有二:一是动物性食品种类增多,猪肉需求相对减少;二是猪为粮食消耗型动物,人猪争粮导致生猪存栏数下降。因此,在一定时期内,国内良种会与国外引进猪种并存,并且地方猪种的数量会越来越多,以不断满足人们对肉质的需求。

在猪场类型的发展上,养殖户、规模化猪场和国外投资猪场将并存,并且养殖户多以养殖协会或

合作社的形式出现。规模化猪场将逐步取代养殖户。国外投资猪场投资大,饲养管理技术先进,生产水平高,将在我国的养猪业居于领军地位。在饲料的配合上,饲料配方逻辑化,更加适合养猪生产。在猪疾病的预防上,我国也将投入人力、物力和财力。在不远的将来,猪瘟、伪狂犬、口蹄疫等危害性较大的猪疾病,在我国将被净化。

此外,猪场的管理者以及投资者的业务素质和道德观念,也将有较大的更新和提高,他们将会自觉严格执行畜牧兽医行业的法律法规,注意猪的动物福利,无公害化处理粪污和废弃物,杜绝猪肉中有害物质的残留。同时,通过技术管理软件实现网络共享,我国的猪肉产品将更多地走出国门。

项目一

后备猪舍生产

【知识目标】

1. 熟悉常用地方猪种、培育猪种、引入猪种的生产性能,并掌握其外貌特征。

2. 掌握地方猪种和引入猪种的杂交育种特性。

3. 掌握后备猪的选留原则及方法。

4. 掌握后备猪培育的意义及目标。

5. 掌握后备猪的营养需求。

【技能目标】

1. 能根据外貌特征对猪进行品种鉴定。

2. 能选择适宜当地饲养条件的猪种。

3. 能通过外貌特征对后备猪进行选择及生长发育测定。

4. 能完成后备猪的日常饲养管理工作。

【素质目标】

1. 具有遵守企业规章制度的意识,能按要求完成工作。

2. 具有在生产中发现问题、思考问题和解决问题的能力。

3. 具有热爱职业、喜欢工作对象的情怀。

4. 具有团队协作精神。

5. 具有不断学习的能力。

6. 具有吃苦耐劳的品质。

【项目导入】

在生产过程中,不能满足生产需求的种猪个体要不断地被淘汰,缺失的部分由后备猪来补充。后备猪的饲养任务是,获得体格健壮、发育良好、具有品种典型特征以及种用价值高的种猪,以保证猪生产的可持续性。这是猪生产中重要的环节。

【后备猪舍主管岗位职责】

1. 负责后备猪的饲养管理及卫生清理工作。

2. 负责后备舍设备的检查工作。

3. 负责后备舍的生物安全工作。

4. 负责后备猪的诱情、查情、分批次调栏等工作。

5. 负责后备猪的档案卡信息核对以及耳号编打工作。

6. 负责后备猪的免疫、保健、优饲与限饲等相关工作。

7. 负责后备舍报表的记录、收集以及猪联网系统的录入工作。

8. 负责后备舍人员的休假及工作安排。

9. 服从场长助理的领导,完成场长助理下达的各项生产任务。

任务 1　后备猪引种

（一）工作场景设计

学校技术扶持的养殖农户淘汰了一批种猪，需要引进后备猪，请师生帮助引种。全班学生每 4 人一组，到校企合作企业某种猪场去挑选后备猪。

（二）后备猪引种目标

按计划完成后备猪的引种，保证全年均衡生产。

（三）操作规程

1. 制订合理的引种计划。若后备猪利用率按照 85% 计算，则猪场每月需引种的后备猪数为：基础母猪数 $\times$ 年更新率 $\times \dfrac{1}{12} \times \dfrac{1}{0.85}$。

2. 冲栏消毒。做好后备猪入场前的冲栏消毒工作，尽量做到全进全出。

3. 准备工作。根据季节提前做好防寒保暖或防暑降温的准备工作。

4. 采血检测重大疫病，包括检测猪瘟、口蹄疫、伪狂犬、蓝耳等。抽检比例不低于引种数的 10%，以确保将健康的猪只调入后备舍。

5. 进猪。运猪车到出猪台后要进行全面严格消毒，夏天可带猪消毒后再卸猪。运输人员严禁进入出猪台。

6. 后备猪引进之后，应首先将其放入隔离舍中进行为期约 6 周（40 d）的隔离饲养，即引入后备猪至少要在隔离舍饲养 40 d。若能周转开，最好将猪饲养到配种前一个月，即母猪 7 月龄、公猪 8 月龄。

任务 2　后备猪培育

（一）工作场景设计

学校技术扶持的养殖农户引进后备猪后，请师生就后备猪饲养提供技术指导。全班学生每 4 人一组，每组负责一个舍进行指导。

（二）后备猪饲养管理目标

1. 配种时的合理体重：125～140 kg。

2. 配种时的体长和胸围：体长不小于 128 cm，胸围不小于 120 cm。

3. 配种时的月龄：7～8 月龄，不超过 10 月龄。

4. 配种时已经正常发情次数：2～3 次。

5. 配种时的背膘厚度:14~16 mm。

（三）工作日程

1. 上班巡栏

（1）巡查各栏是否有异常、突发及紧急情况,如猪只生病、设备损坏等。

（2）进行开料前的"三度"调控,根据实际情况开关窗户和降温、保暖设备。注意:大环境温度以18~22 ℃为宜,湿度以60%~70%为宜,并且无刺鼻的氨气味。

2. 投料及打扫卫生

（1）清扫料槽及其周边。

（2）将栏舍内的猪粪推至中间粪道,并清扫猪圈。

（3）将猪粪打堆,用斗车收走并倒至指定地点。

（4）清扫舍内空栏、走道、饲料间的蜘蛛网、灰尘等。

3. 猪群健康检查

（1）时间:投料、打扫卫生的操作过程中及空余时间。

（2）内容:是否吃食或少食,是否便秘、腹泻、拉血,是否呼吸急促,是否脚痛。

（3）出现异常情况,及时报告主管。

4. 其他工作

（1）消毒:一周更换2次消毒桶,同时进行舍内消毒。

（2）做好饲料袋的收集、摆放工作。

（3）完成主管安排的其他需要配合的事情。

5. 下班前巡栏

（1）观察猪群情况,调节"三度"。

（2）做好登记报表。

6. 夜间巡栏

（1）时间不得早于20:30。

（2）观察猪群情况,调节"三度"。

（四）操作规程

1. 饲喂。进猪后,应添加维生素C（Vc）等抗应激药物于饲料或饮水中,饲喂2~3 d。与此同时,还应添加适量的抗生素药物。进猪当天不给猪喂料,只保证其有充足的饮水;第二天,喂正常料量的1/3;第三天,喂正常料量的2/3;第四天,开始让猪自由采食。后备公猪的体重达到70 kg前,给其饲喂小猪料;达到70 kg以上,饲喂后备母猪料。饲喂量根据后备猪的体况以及季节进行调整,日饲喂量一般为1.8~2 kg。

后备猪在160日龄前,可自由采食;160日龄后或体重达到100 kg后,应对其进行适当限饲。后备母猪在4~5月龄着重体成熟发育,6月龄着重性成熟发育,故160日龄后为避免饲喂过肥,应对其进行适当优饲、限饲以及合理诱情,以促进其生殖器官的发育。注意:每次换料型时,需有5~7 d的过渡期。

2. 限饲、优饲计划。后备母猪在 6 月龄以前可自由采食,到了 7 月龄,要适当限制其采食量。后备母猪配种使用前,要对其进行为期一个月或半个月的优饲。限饲时,日饲喂量在 2 kg 以下;优饲时,日饲喂量在 2.5 kg 以上或让其自由采食。

3. 后备猪进场后,应及时(3 d 内)为其建立档案卡,并详细填写种猪原始耳号、来源、品种、出生日期等信息。由于后备猪是按批次进行免疫的,所以可不标注具体免疫信息,但需要标注批次信息,以便调档查询。

4. 根据引进后备猪的日龄,按批次分别做好相关的免疫计划、限饲计划、优饲计划和驱虫计划,并严格按照计划实施。后备母猪配种前,要为其进行一次内外寄生虫驱虫,并注射乙脑、细小病毒、猪瘟和口蹄疫等疫苗。

5. 做好后备母猪发情的相关记录,然后把记录交给配种舍的技术人员和饲养人员。母猪从 6 月龄时开始发情。要对初次发情的母猪进行认真观察,以保证在其第二、三次发情时能及时进行配种。同时,要做好母猪的发情记录。

6. 调栏。后备猪进入后备舍后,要对其进行强弱分群,同时确保合理的饲养密度,并实行格式化管理。实行格式化管理的目的是针对不同猪群有目的地进行保健。后备公猪一般需要进行单栏饲养,如果圈舍不够,则可让 2~3 头后备公猪一栏,但在配种前一个月,必须进行单栏饲养。后备母猪可以小群饲养,5~8 头一栏即可。

7. 核对种猪群信息,建立批次免疫档案、保健档案和情期跟踪档案。记录每头猪的耳号,调出系统中引种猪群的信息并进行核对,以确保系统数据的真实性。

8. 驯化。(1)将生产线上正常淘汰的高胎龄母猪按引种数 3%~5% 的比例调入后备舍,通过混群饲养对后备母猪进行驯化。每栏使用一头,驯化期为 5~7 d。

(2)用高胎龄母猪的粪便进行驯化,即将其粪便掺入后备母猪的饲养栏中。每天一次,驯化期为 5~7 d。高胎龄母猪使用过后,应将其直接从后备舍淘汰(有疾病风险的不做驯化)。

9. 诱情。后备母猪达到 160 日龄以上,可以用性欲好的种公猪在后备舍的过道来回走动,对后备母猪进行诱情。

10. 运动(无条件的,可进行室内调栏运动)。

11. 后备母猪达到 165 日龄时,后备舍的技术工人应每天对其查情两次。查情在猪只安静站立时开始:先用肉眼观察,对于外阴发红、发肿的,再做进一步检查;手触外阴,查看黏液情况;结合静立反应情况,综合判断后,将查情信息标注在记录本和档案卡上。

12. 合理划定后备舍。分批次以周为时间单位将发情后备母猪挑出并集中饲养,同时划分发情区和非发情区,并对不发情猪只进行集中的综合处理。

13. 调入生产线前的重大疫病检测。后备猪 225 日龄时,要对其进行采血以检测重大疫病,如猪瘟、口蹄疫、伪狂犬、蓝耳等。抽检比例不低于引种数的 10%,以确保将健康的猪只调入生产线。

任务 3　后备母猪查情

（一）工作场景设计

学校技术扶持养殖农户的后备母猪已达到配种的日龄和体重,需要鉴定后备母猪是否发情,为此请师生进行技术指导。全班学生每 4 人一组,每组负责一个舍进行技术指导。

（二）后备母猪发情鉴定目标

通过对后备母猪进行合理诱情,促进后备母猪性成熟及生殖器官的发育,改善后备母猪的利用与入群情况。

（三）工作日程

1. 第一阶段:后备母猪 5.5 ~ 6 月龄(160 日龄),开始对其进行查情、诱情,并做好初情记录。
2. 第二阶段:6 ~ 7 月龄,进行乏情处理,加大促情。
3. 第三阶段:7 ~ 7.5 月龄,做好第二个情期记录。
4. 第四阶段:7.5 ~ 8.5 月龄,做好诱情工作,加大发情猪处理。
5. 第五阶段:8.5 ~ 9.5 月龄,进行激素处理,淘汰不发情猪。

（四）操作规程

后备母猪达到 165 日龄时,后备舍的技术工人应每天对其查情两次。

1. 肉眼观察。母猪开始发情时,对周围环境十分敏感,食欲下降,随后食欲又开始增加,由低谷开始回升;嚎叫的频率也逐渐减少,变得呆滞,这时愿意接受公猪的爬跨;阴唇内黏膜的颜色由浅变深,然后再变浅。
2. 手触母猪外阴,查看黏液情况。黏液由稀转稠;外阴由硬变软,然后再变硬。
3. 按压腰背后部。用手按压母猪的腰背后部,若按压时母猪不哼不叫,四肢叉开,呆立不动,即出现所谓的"静立反应",则表示该母猪的发情已达到高潮,随后即可配种。

依据母猪的静立反应情况进行综合判断后,将查情信息标注在记录本和档案卡上。

"后备母猪发情档案牌"的形式、内容如表 1 – 1 所示。

表 1 - 1　后备母猪发情档案牌

栏号	头数	发情时间
月龄	周数	下一情期时间
限饲时间	优饲时间	执行人
限饲料量	优饲料量	监控人
运动	备注	

【知识链接】

一、猪的优良品种及利用

(一)猪的品种

猪的类型按经济用途可划分为脂肪型、瘦肉型和兼用型三种。猪的不同经济类型在体质外形、生活习性、对环境条件的要求、生产性能和肉脂品质等各个方面,都有不同的特点。

1.脂肪型

此类型猪的体形特点为短、宽、圆、矮、肥。猪的中躯呈正方形,背膘厚度在 4 cm 以上。脂肪型猪具有早期沉积脂肪的能力,其脂肪占胴体的比例达 55% ~60%,瘦肉占 30% 左右。我国广西的陆川猪、国外的老式巴克夏猪为脂肪型猪的典型代表。

2.瘦肉型

此类型猪腿臀发达,肌肉丰满,背腰平直或稍弓。其外形呈长线条的流线型,前躯轻,后躯重,头颈小,背腰特长,胸肋丰满,背线与腹线平直,体长比胸围长 15 ~20 cm。瘦肉型猪生长发育快,胴体中瘦肉较多,胴体瘦肉率一般在 56% 以上,其第 6、7 肋骨间的肥膘厚度在 3 cm 以下。传统上,我国主要将瘦肉型猪用于腌肉和火腿的加工。我国浙江的金华猪以及国外的大约克夏猪、长白猪、汉普夏猪等均属这一类型。

3.兼用型

兼用型猪又分为肉脂兼用型和脂肉兼用型。兼用型猪胴体中瘦肉和脂肪的比例基本一致,胴体瘦肉率为 45% ~55%,体形特点介于脂型和瘦肉型之间。该类型猪主要用于提供鲜肉,其肉脂品质优良。兼用型猪产肉和产脂性能均较强,胴体中肥、瘦肉各占一半左右。我国的地方猪种大多属于这一类型;国外猪种如中约克夏猪,为典型代表。

此外,根据猪种来源,我国的猪种可划分为地方猪种、国外引入猪种、新培育猪种和配套系猪种等。

(二)我国的优良地方猪种

1. 我国地方猪种的类型

我国幅员辽阔,地形复杂,各地区农业生产条件和耕作制度的差异以及经济条件的不同,为猪种的形成提供了不同的条件,并提出了不同的要求。经过劳动人民长期的选育,我国形成了许多不同类型的优良猪种。

据不完全统计,我国的地方猪种多达80余个。根据我国地方猪种的起源、生产性能、外貌体形特点、在地理位置上的分布,以及各地区农业种植生产情况和饲养管理条件的不同,我国的地方猪种可划分为六种类型。

(1)华北型。华北型猪主要分布于秦岭、淮河以北,包括华北和东北地区以及内蒙古、宁夏、湖北、安徽、陕西和江苏各省(自治区)的北部地区。

这些地区地多人少,气候干寒,农作物以杂粮为主,饲料资源不足,历史上有放牧养猪的习惯,一般采用吊架子方式育肥。猪的日粮中粗料多于精料。由于饲养期长,运动量大,因而猪的体形较大,四肢粗壮,嘴筒较长(便于拱地觅食)。该类型猪皮厚,被毛长而密,鬃毛粗长,耐寒力强。华北型猪繁殖性能良好,母猪窝产仔数大多在12头以上,乳头一般为8对左右,护仔性能良好。其典型代表为东北民猪、陕西八眉猪、安徽淮猪和内蒙古河套大耳猪等。

(2)华南型。华南型猪主要分布于我国南部的热带和亚热带地区,包括福建东南部和台湾地区,云南的南部和西南边缘地区,广东和广西偏南的大部分地区。

这些地区气候温热,雨量充沛,植物可终年生长。青绿多汁的饲料来源丰富,精料以富含碳水化合物的饲料为主,因此华南型猪极易沉积脂肪。农业生产需要周转快的猪种,加之当地群众喜食烤乳猪而侧重选育成熟早、脂肪型的小型猪种,从而导致华南型猪极易早熟但体格偏小,表现出体形短、圆、宽并且皮薄毛稀的特点。其毛色多为黑色或黑白花。华南型猪繁殖力偏低,母猪窝产仔数多为8~11头,乳头数也少,一般为5~6对,而且母性较差。其典型代表为两广小花猪、滇南小耳猪、福建槐猪等。

(3)华中型。华中型猪分布于长江与珠江之间的广大地区,与地理区划中的华中地区大致相符,包括湖南、湖北,江西和浙江南部以及福建、广东和广西北部。

这些地区气候温热、湿润,农作物以水稻为主,饲料来源丰富,但稍逊于华南地区。由于精料和青绿饲料都较丰富,所以养猪数量多,饲养管理细致。华中型猪的体形比华南型猪大,比华北型猪某些猪种小。华中型猪繁殖性能中等,母猪窝产仔数大多为10~13头,乳头一般为6~8对。其典型代表为广东大花白猪、浙江金华猪、湖南宁乡猪和华中两头乌猪等。

(4)江海型。江海型猪主要分布于长江中下游沿岸以及东南沿海地区,位于华中型和华北型分布区之间。江海型猪是由华中型猪与华北型猪杂交培育而成的。

江海型猪的分布区气候适宜,人口稠密,饲料条件较好,不仅青绿饲料供应充足,而且有大量农副产品可供喂猪。

由于江海型猪是由华中型猪和华北型猪杂交培育而成的,所以江海型各猪种之间的差异比较大。从北部地区到南部地区,它们的毛色由浑身全黑,逐渐向黑白花过渡,而毛色全白的猪也能见到(如上海的浦东白猪)。江海型猪的共同特点是繁殖力高,母猪发情明显,受胎率高。其成年母猪的窝产仔数在 13 头以上,产仔数多的可达 20 头以上,乳头一般为 8 对。江海型猪的外形与华北型猪类似,腹大,皮厚且多皱褶。太湖猪、姜曲海猪和台湾桃园猪都属于这一类型。

(5)西南型。西南型猪主要分布于四川、云南和贵州的大部分地区,以及湖南、湖北的西部地区。

这些地区地形复杂,以山地为主,海拔一般在 1 000 m 以上。山地养猪以散养为主,饲养期长,而且当地群众喜欢饲喂体大脂多的猪,因此西南型猪一般体形较大。西南型猪繁殖性能较低,母猪窝产仔数一般为 8 ~ 10 头,乳头 6 ~ 7 对。西南型猪毛色复杂,以全黑居多,并有相当数量的黑白花猪和少量的红毛猪。其典型代表为荣昌猪、内江猪和乌金猪等。

(6)高原型。高原型猪主要分布于青藏高原地区。该地区地势高,河谷地带的海拔也多在 3 000 m 以上,因此气候高寒干旱,植被稀疏,植物生长期短,饲料来源少。猪终年放养,采食野生植物。高原型猪体形很小,形似野猪,6 月龄时体重不超过 16 kg;头狭长,呈锥形;肢蹄强健,善于奔跑;鬃毛长密,绒毛丛生。高原型猪繁殖性能极低,母猪窝产仔数一般为 5 ~ 6 头,乳头多为 5 对,属于最小型晚熟品种。其代表主要为藏猪。

2. 我国地方猪种的共同特点

我国地方猪种的共同特点是繁殖力高、肉质好,能大量采食青粗饲料,但生长速度较慢,屠宰率偏低,胴体瘦肉率低。

(1)性成熟早、繁殖力高。我国大多数地方猪种都具有性成熟早、产仔数多和母性强的特点。母猪通常在 3 ~ 4 月龄开始发情,4 ~ 5 月龄可以进行配种。其中,梅山猪的繁殖力特别高,初产母猪的平均产仔数一般可达到 14 头,经产母猪的平均产仔数能达到 16 头以上。大多数地方猪种母猪的平均产仔数都为 11 ~ 13 头。地方猪种母猪的产仔数要多于大多数国外的引入猪种,而且母猪的母性良好,仔猪哺育的成活率非常高。

(2)抗逆性强。我国的地方猪种普遍存在抗逆性强的特点,主要表现为抗寒性和耐热性强。同时,饲养条件略差或低营养条件下,我国的地方猪种仍具有良好的生产表现。东北民猪能承受 – 20 ~ – 30 ℃的低温,当温度低到 – 15 ℃时,母猪还能产仔和哺乳。高原型猪分布于海拔 3 000 m 以上的地区。该地区气候寒冷,空气非常干燥,早晚温差较大,但高原型猪仍能放养采食。华南型猪在南方的高温季节里,依旧表现出良好的耐热能力,具有良好的采食量和生长速度。

此外,我国地方猪种具有良好的耐粗饲能力,主要表现为能大量采食青粗饲料,并且能适应长期以青粗饲料为主的饲养方式。在这种低营养饲养条件下,我国的地方猪种仍能保持一定的生长速度,这一点要优于引入猪种。

(3)肉质优良。我国的地方猪种具有肉质优良的特点。其肉颜色鲜红、系水力强、pH 值较高;肌肉中的大理石纹分布适中,肌纤维数量较多;肌内脂肪含量较高,一般为 3% 左右;嫩而多汁,适口性好。而且,无 PSE(Pale,Soft & Exudative 的缩写,即颜色灰白,松软和有汁液渗出)肉和 DFD(Dark, Firm & Dry 的缩写,即颜色暗黑,质地坚硬和表面干燥)肉。

(4)饲料利用率低,生长速度慢。我国的地方猪种即使在全价饲养、营养全面的条件下,对于饲料的利用率仍较低,生长速度缓慢。其生产性能水平显著低于引入猪种和培育猪种。

(5)胴体瘦肉率低、脂肪率高。我国地方猪种的胴体瘦肉率大多在 40% 左右,低于引入猪种。引入猪种的胴体瘦肉率达 60% 以上。引入猪种的眼肌面积和腿臀比也高于我国的地方猪种。我国地方猪种的胴体脂肪率一般在 35% 左右,这说明其沉积脂肪的能力较强,特别是在早期生长时期,沉积脂肪的能力更强,主要体现为肾和肠的周围脂肪沉积量较多,以及皮下脂肪较厚。

3.我国优良的地方猪种

（1）东北民猪。东北民猪原产于东北三省,现作为宝贵基因库保存于兰西民猪场。该猪种全身被毛黑色,鬃长毛密,冬季密生绒毛,能耐严寒。生长肥育猪体重达到 90 kg 时,屠宰率为 65% ~70%,胴体瘦肉率为 40% ~45%。成年公猪的体重在 200 kg 左右,成年母猪的体重在 148 kg 左右。

图 1 -1　东北民猪

东北民猪具有抗寒力强、体质强健和脂肪沉积能力强的特点,适于放养和较粗放的饲养管理,同时具有产仔数多和肉质好的特点。利用东北民猪的优势,将其与其他品种猪进行杂交,所得二元和三元杂种后代在繁殖和肥育等生产性能方面,表现出了较好的杂种优势。但是,东北民猪的胴体脂肪率高,皮较厚,后腿肌肉不发达,生长性能缓慢。东北民猪与其他品种猪进行正反交时,都表现出了较强的杂种优势。以东北民猪为基础培育出来的哈白猪、新金猪和三江白猪,都保留了东北民猪的优点。生产中,东北民猪在长民、杜长民、约长民等杂交组合中,多用作母本。

（2）太湖猪。太湖猪产于江苏、浙江和上海交界的太湖流域。该猪种头大额宽,额部皱褶多、深;耳特大,软而下垂,耳尖齐或超过嘴角,形似大蒲扇;全身被毛黑色或青灰色,毛稀疏,毛丛密,毛丛间距离大;腹部皮肤多呈紫红色。有的太湖猪鼻吻为白色或尾尖为白色。梅山猪的四肢末端为白色,俗称"四白脚"。太湖猪产仔数目较多,以繁殖力高而著称于世,是世界上猪品种中产仔数最多的一个,享有"国宝"之誉。太湖猪体形较大,体重达到 90 kg 时,屠宰率为 65% ~70%,胴体瘦肉率为 38.8% ~45%。其肉具有肉色鲜红、肉味鲜美等优点。成年公猪的体重约为 140 kg,成年母猪的体重约为 114 kg。太湖猪的肉品质好,皮厚且胶质多,适合加工蹄膀。

由于太湖猪繁殖力较高,因此许多国家都引入太湖猪与本国猪种进行杂交,如法国、英国、匈牙利、朝鲜、日本、美国等,希望以此增加太湖猪血统,提高本国猪种的繁殖力。

图 1-2　太湖猪

　　(3)金华猪。金华猪产自于浙江义乌、东阳和金华等地。该猪种体形中等偏小,耳朵中等大小,下垂不超过口角;额头有皱纹,颈粗短;背部微凹,腹大,微下垂;后臀较倾斜,四肢短细;毛色以中间白、两头黑为特征,即头颈和臀尾部为黑皮黑毛,体躯中间为白皮白毛,在黑白交界处有黑皮白毛的"晕带"。因此,金华猪又称"两头乌"或"金华两头乌猪"。金华猪的体形有大、中、小三类。中型的体形适中,是目前金华猪的代表类型。8~9月龄肉猪的体重为63~76 kg,屠宰率为72%。成年公猪的体重约为140 kg,成年母猪的体重约为110 kg。金华猪具有皮薄、肉嫩、骨细的特点,其肉品质良好,以适宜腌制火腿和腊肉而著称。驰名中外的"金华火腿"就取材于此品种猪的后大腿。

图 1-3　金华猪

　　(4)香猪。香猪产于贵州与广西交界处的从江、三都、环江和巴马等地,具有悠久的饲养历史,稳定的遗传基因。它的肉品质优良,是珍贵、稀有的小型猪地方品种。香猪头部较直,额部皱纹少而浅;体躯矮小,背腰微凹而宽;腹部大而圆,有的能触地;后躯比较丰满,四肢短细;皮薄肉嫩。该猪种6月龄时,体高约40 cm,体长60~75 cm,体重20~30 kg,平均日增重仅120~150 g,屠宰率为68%,胴体瘦肉率为47%。其肉大理石纹明显,肉质、肉色良好。成年香猪的体重可达40 kg。香猪是理想的乳猪生产猪种,早熟易肥,皮薄骨细,肉嫩味美。保育猪早期即可宰食,其肉无腥味,加工成烤乳猪、腊肉别有风味。

　　香猪以体形矮小、基因纯合、肉质细嫩、肉味鲜香等独特优点而闻名全国。1993年,原农业部将其列为国家二级保护畜种。

　　香猪的肉质中胆固醇含量低,富含多种人体必需的氨基酸和微量元素,是一种高蛋白、低能量食品。香猪肉已成为深受消费者喜爱的天然食品。

图1-4　香猪

（5）荣昌猪。荣昌猪原产于重庆一带。该猪种头大小适中,面微凹且皱纹横生,头部黑斑不超过耳部;耳中等大小、下垂;体躯长,毛稀,全身被毛白色;背腰微凹,腹大而深,四肢细但结实,臀部略微倾斜;鬃毛洁白、刚韧。母猪乳头6~7对。

荣昌猪的屠宰适期为8月龄,体重75~90 kg时屠宰,胴体瘦肉率可达46%左右。成年公猪的体重约为87 kg,成年母猪的体重约为79 kg。荣昌猪的肌肉呈深红或鲜红色,大理石纹分布均匀、清晰。其肉质的各项指标评定均属优良。

图1-5　荣昌猪

（6）内江猪。内江猪主要分布于四川内江,其中心产区位于内江市东兴区。内江猪全身被毛黑色,鬃毛粗长,有"狮子头"型和"二方头"型两种。嘴筒特短、舌尖常外露、面部皱纹特深者,称为"狮子头"型;面部皱纹较浅、嘴筒稍长者,称为"二方头"型。目前,"二方头"型的数目较多。内江猪体重达90 kg时,屠宰率为67.5%,胴体中肌肉和脂肪分别占37%和39.3%。成年公猪的体重约为170 kg,成年母猪的体重约为155 kg。

图1-6　内江猪

（7）藏猪。藏猪主要分布于青藏高原地区。该猪种体躯较短，背腰平直或微弓，胸较窄；后躯略高于前躯，后臀倾斜；四肢细但结实，蹄质坚实；嘴筒长、直，呈锥形；面部窄，额部皱纹少；耳小，直立，转动灵活。藏猪终年放养，饲养管理粗放，因此生长发育缓慢。母猪一年产一窝仔，初产仔数为4.76头，第三胎可达6.43头。6月龄藏猪的体重约为14 kg，体长约为49.82 cm，体高约为30.82 cm，日增重约为173 g，料重比为5.24∶1。

图1-7　藏猪

（三）我国培育的猪种

培育猪种是指以引入猪种和地方猪种为育种素材，经系统的杂交育种工作而育成的品种。培育猪种保留了我国地方猪种的主要优良特性，同时又吸收了引入猪种的一些优点，但大多数居于地方猪种和引入猪种的性能水平之间。

1. 培育猪种的特点

（1）生长速度较快。与地方猪种相比，培育猪种的生长速度有了很大的提高，饲料利用率亦有了很大的改善。同时，耐粗饲的能力又比引入猪种强。此外，在抗寒、耐热、抗病力方面，培育猪种也有良好的表现。

（2）胴体瘦肉率较高，肉质较好。培育猪种背腰平直，腹部比较紧凑，后躯比较丰满，改变了地方猪种凹背、腹大下垂、后躯发育差、膘厚的缺点,胴体瘦肉率有了很大提高。与引入猪种比较,培育猪种体躯结构不理想,腹围较大,后躯欠丰满,背膘较厚,胴体瘦肉率不高,但肉质较好,劣质肉很少见。

(3)发情明显,配种容易,繁殖力较高。培育猪种发情明显,繁殖配种容易,产仔数较多,但不及地方品种。

2.我国优良的培育猪种

(1)三江白猪。三江白猪主要产于黑龙江东部三江平原地区的国有农场以及附近的养殖场。三江白猪是以东北民猪和长白猪作为亲本,进行正反杂交,再利用长白猪进行回交,经过6个世代的定向选育,用了10余年的时间培育而成的我国第一个瘦肉型品种。该猪种于1983年9月通过了品种鉴定,被正式命名为"三江白猪"。据统计,我国现有三江白猪繁殖母猪4 000余头,核心群母猪1 500余头,年生产商品瘦肉猪10万多头。

①体形外貌。三江白猪的体形近似长白猪,全身被毛白色,毛丛稍密;头轻嘴直,耳朵下垂;背腰宽平,腿臀丰满,具有瘦肉型猪种的典型体躯特点。母猪乳头排列整齐,大约7对。

②生产性能。后备公猪6月龄时体重为80~85 kg,后备母猪6月龄时体重为75~80 kg,经产母猪平均产仔数为12.4头。三江白猪平均日增重620 g,料重比在3.5:1以下,胴体瘦肉率可达58.5%,具有生长快、耗料少、瘦肉多、肉质好、抗寒等优点。但是,三江白猪用于商品生产的杂交繁育体系还不完善,目前生产群体尚不够大。

③杂交利用。三江白猪既可做杂交父本,也可做杂交母本,尤其与杜洛克猪、汉普夏猪进行杂交,效果更明显。

图1-8　三江白猪

(2)哈尔滨白猪。哈尔滨白猪产于黑龙江南部和中部地区,以哈尔滨市及其周边县(市)分布较多,是我国育成的第一个肉脂兼用型品种。

①体形外貌。哈尔滨白猪全身被毛白色;头中等大小,两耳直立,面部微凹;背腰平直,腹稍大但不下垂;腿臀丰满,四肢健壮,体质结实。母猪乳头7对以上。

②生产性能。成年公猪的体重约为222.1 kg,成年母猪的体重约为176.5 kg,经产母猪平均产仔数为11.3头。哈尔滨白猪育肥期平均日增重约为587 g,体重达到115 kg时屠宰,胴体瘦肉率为45.1%。近年来,经选育的哈尔滨白猪(瘦肉系)平均日增重可达650 g以上,胴体瘦肉率可达56%以上。哈尔滨白猪具有抗寒、耐粗饲、生长快、耗料较少等优点。

③杂交利用。哈尔滨白猪是优良的杂交母本,与杜洛克猪、长白猪、大约克夏猪进行杂交,具有较好的杂交效果。

图1-9　哈尔滨白猪

(3)北京黑猪。北京黑猪产于北京市郊各区,属于兼用型品种,由本地黑猪与巴克夏猪、约克夏猪、苏白猪、定县猪等进行育成杂交与系统选育而成。

①体形外貌。北京黑猪全身被毛黑色;体躯结构匀称,四肢健壮;头部大小适中,两耳向前上方直立或平伸;背腰宽平,腿臀比较丰满。母猪乳头7对以上。

②生产性能。成年公猪的体重约为262 kg,成年母猪的体重约为220 kg,经产母猪平均产仔数为11.52头。北京黑猪育肥期平均日增重为650 g左右,料重比为3.36:1,胴体瘦肉率可达51.5%。北京黑猪具有体形大、生长快的特点。

③杂交利用。北京黑猪做母本与长白猪、大约克夏猪、杜洛克猪进行杂交,效果明显。

图1-10　北京黑猪

(四)引入的国外猪种

对我国养猪生产影响较大的引入猪种有大白猪、长白猪、杜洛克猪、汉普夏猪等。引入猪种经过纯繁和驯化,已经成为我国猪种资源的组成部分。这些猪种生长快,胴体瘦肉率高,在我国杂交瘦肉猪生产中发挥了巨大作用。

1.引入猪种的特点

引入猪种的共同特点是生长速度快、饲料利用率高、屠宰率高、胴体瘦肉率高,但繁殖性能不高、肉质较差。

（1）生长速度快,饲料利用率高。在优良的生产条件下,引入猪种的生长速度和饲料利用率明显优于我国地方猪种和培育猪种。尤其是近年来引入的国外猪种,其肥育期平均日增重可达900 g左右,而料重比仅为2.6∶1左右。

（2）屠宰率和胴体瘦肉率高。引入猪种的背膘较薄,眼肌面积比较大;胴体瘦肉率较高,一般为60%以上。近年来引入的国外猪种,其胴体瘦肉率可达65%以上。

（3）繁殖力不高。引入猪种母猪发情表现不明显,配种困难,繁殖障碍发生率高;公猪性欲不强,配种能力较差。

（4）肉质较差。引入猪种的肉质比较差,主要表现为肉色较浅,肌内脂肪含量较低,肌纤维较粗且数量比较少,系水力差。此外,一些品种PSE肉的出现率较高。

（5）对饲养管理条件要求较高。引入猪种只有在良好的饲养管理条件下,才能够表现出优异的生产性能。

2. 我国引入的优良猪种

（1）大白猪。大白猪原产于英国约克郡,所以又称大约克夏猪。大白猪分为大、中、小三个类型,目前大约克夏猪在世界各地分布最广。大白猪体形比较大,全身被毛白色,四肢比较粗壮,耳朵大而直立,面部微凹,背腰微弓,少数个体臀部有暗斑。母猪乳头数为7~8对。大白猪性成熟较晚,母猪6月龄左右出现初情期,7.5~8月龄、体重达100 kg以上时可配种。在引入猪种中,大白猪的繁殖力较高,初产母猪产仔数约为10头,经产母猪产仔数约为12头。在良好的饲养条件下,大白猪平均日增重可达700 g以上,料重比为3.0∶1以下。大白猪体重达到90 kg时屠宰,胴体瘦肉率在62%以上。20世纪90年代以来引入的大白猪,平均日增重可达900 g,料重比仅为2.6∶1以下。

图1-11 大白猪

（2）长白猪。长白猪原名兰德瑞斯猪,原产于丹麦,是目前世界上分布最广的瘦肉型品种之一。由于它体躯较长,全身被毛白色,所以在我国又被称作长白猪。长白猪被毛白色而稀疏,体躯流线型,背腰长而平直,头小嘴尖,耳朵大而下垂,四肢比较纤细,后躯比较丰满。母猪乳头为7~8对。长白猪性成熟较晚,母猪一般在6月龄时开始出现性行为,7.5~8月龄、体重达100 kg以上时可配种。初产母猪产仔数为9~10头,经产母猪产仔数为10~11头。在良好的饲养条件下,长白猪平均日增重应在700 g以上,料重比在3.0∶1以下。长白猪体重达到90 kg时屠宰,胴体瘦肉率在62%以上。新引进的长白猪平均日增重达到了850 g以上,料重比在2.6∶1以下。

图 1 - 12　长白猪

(3)杜洛克猪。杜洛克猪原产于美国东北部,是瘦肉型猪种之一,目前在世界上分布较广。杜洛克猪全身被毛由金黄色到暗棕色,深浅不一;蹄呈黑色;体躯较长,背腰微弓;头部较小,脸部微凹;耳朵中等大小,略向前倾,耳尖稍下垂;后躯丰满,四肢较粗壮。杜洛克猪性成熟较晚,母猪 6 ~ 7 月龄开始发情,繁殖性能较低。初产母猪产仔数约为 9 头,经产母猪产仔数约为 10 头。在良好的饲养条件下,杜洛克猪平均日增重可以达到 750 g 以上,料重比在 2.9 : 1 以下,胴体瘦肉率能达到 63% 以上。新引进的杜洛克猪平均日增重可达 850 g 以上,料重比在 2.6 : 1 以下,胴体瘦肉率可达 65% 以上。

图 1 - 13　杜洛克猪

(4)汉普夏猪。汉普夏猪原产于美国,是目前世界著名的瘦肉型品种。汉普夏猪全身被毛黑色,围绕前肢和肩部有一条白带;耳朵中等大小而且直立;体躯较长,后躯丰满,肌肉发达。母猪乳头数 6 ~ 7 对。汉普夏猪性成熟晚,母猪繁殖性能较低,一般在 6 ~ 7 月龄开始发情。初产母猪产仔数为 7 ~ 8 头,经产母猪产仔数为 8 ~ 9 头。汉普夏猪的饲料利用率同长白猪、大白猪、杜洛克猪相比,略低一些,并且平均日增重速度稍慢,但它的背膘薄,胴体瘦肉率很高。

图1-14 汉普夏猪

(5)皮特兰猪。皮特兰猪原产于比利时。它全身被毛大部分为白色,上有黑块,呈花斑状;头中等大小;体形短矮;肌肉发达,特别是臀部比较丰满;繁殖性能较低。按照一般瘦肉型猪的饲养条件,皮特兰猪比杜洛克猪、长白猪、大白猪的生长速度都慢;在适当提高饲粮蛋白质水平及钙、磷水平的情况下,皮特兰猪才能够表现出较快的生长速度。其肉胴体瘦肉率很高,但肉质较差。皮特兰猪最大的缺点是容易发生应激反应,如驱赶太急、打针、配种等,都可能让其产生应激反应。若应激严重,则可导致其死亡。

图1-15 皮特兰猪

(五)养猪场(户)选择猪种的基本原则

不同猪种的生产性能差异较大,对饲养管理条件的要求也不尽相同。养猪场(户)在进行猪种选择时要考虑以下原则:

1. 认识并正确利用不同猪种的品种特性

当前养猪生产常用的长白猪、大白猪、杜洛克猪等瘦肉型猪种中,长白猪、大白猪具有生长速度快、胴体瘦肉率高、产仔数多的特点,因此可用作杂交的母本或第一父本。杜洛克猪的生长速度快、胴体瘦肉率高,但产仔数较少,因此只能将其用作终端父本,不宜将杜洛克猪或其杂种用作母本。具体的杂交方式可采用杜×(长×大)或杜×(大×长)等。

2. 充分了解不同猪场种猪的性能水平

目前,种猪场数量很多,但真正开展选育工作的却不多,基本处于"引种—维持—退化—再引种"

这样的不良循环中。有的种猪场其猪群规模过小,育种技术力量薄弱,以致种猪的性能水平不高。因此,养猪场(户)应对种猪场的猪种来源、引入时间以及猪群规模、育种技术力量等方面进行了解,以确保能够选购到性能优良的种猪。

3. 要充分了解不同猪场猪群的健康水平

近年来,猪病对养猪业的危害越来越严重,给养猪生产造成了巨大的经济损失。控制猪病必须采取综合措施,如创造适宜环境、提高饲养水平、采用正确的免疫程序等。在引种这一环节上,养猪场(户)在引种前要充分了解不同猪场猪群的健康水平,确保引进健康的种猪,并且引进后还要创造条件进行隔离观察。

4. 直接选购二元母猪与配套的终端父本公猪进行杂交利用

目前,很多中小型商品猪场和养猪户喜欢购买纯种公、母猪,引进后进行简单杂交利用;或者自己生产二元母猪后,再进行三元杂交;或者利用纯种公猪与原有的母猪进行杂交。但是,简单杂交时由于母本是纯种,所以不能利用母本杂种优势;自己制造二元母猪后再进行三元杂交,则需要相应的时间;利用纯种公猪与原有的母猪进行杂交时,如果原有的母猪性能较差,也就不会取得好的杂交效果。因此,在二元母猪性能优良、价格适中时,若商品猪场的原有母猪血统混杂,则可直接进行二元母猪的选购,以更换掉原有的。同时,可以引进配套的终端父本公猪进行杂交利用。

(六)猪的杂种优势利用

1. 杂种优势及其生产条件

现代养猪生产要求商品肉猪具有生长速度快、饲料利用率高、胴体瘦肉率高、肉质好等特点。同时,要求其适应性强,易于饲养,还要求生产商品仔猪的母猪繁殖力高。但到目前为止,世界上还没有一个优点如此全面的猪种,只有利用杂种优势进行杂交才能获得。

不同种群进行杂交所产生的杂种后代群,具有生产性能高于双亲平均值并且生活力提高这一遗传现象。但是,杂种优势的获得是有条件的。杂种是否有优势、有多大优势,以及杂种群中每个个体是否都表现出相同的杂种优势等问题,一方面取决于杂交的亲本是否具有高产的基因以及其遗传性状互补性的大小,另一方面取决于杂种所处的饲养管理条件。如果杂交的亲本缺乏优良的基因,或者两个亲本的遗传性状互补性差或纯度太差,或者缺乏充分表现杂种优势所需的环境条件,如营养水平、饲养方式、温度、健康状况等,就都不能表现出相应的杂种优势。

杂种优势具有种群特异性和性状特异性。亲本种群间遗传差异越大,即亲本种群间基因频率差异越大,其杂交后代的优势越明显。杂种优势性状特异并具有一定的规律。通常来说,繁殖力、生活力等低遗传力性状的杂种优势较明显;增重速度、饲料利用率等遗传力中等性状的杂种优势中等;遗传力高的胴体性状能够获得的杂种优势较小,或几乎没有杂种优势。同时,如何利用繁殖性能上的杂种优势,对于猪这样一种多胎性的肉用家畜来说极为重要,这也是世界上广泛利用杂种母猪来生产商品肉猪的原因。

2. 杂交方式的选择

猪生产中利用杂种优势涉及选择适宜的杂交方式的问题,也涉及选用什么样的品种(系)参与杂交的问题。商品肉猪生产中常用的杂交方式有四种。

(1)二元杂交。二元杂交即利用2个品种(系)进行杂交,杂种后代用作商品肉猪(如图1-16所示）。二元杂交能获得100%的个体杂种优势，是最简单的一种杂交方式，但它不能充分利用母本和父本的杂种优势。从遗传互补性的角度出发，对二元杂交母本种群（B）的挑选，应侧重繁殖性能；对父本种群（A）的挑选，则应侧重胴体品质和生长速度，多产性相对来说是次要的。因此，可用地方品种或培育品种为母本，以引入品种为父本。例如，以东北民猪为母本与长白猪进行杂交，以三江白猪为母本与杜洛克猪进行杂交。若用引入品种进行二元杂交，则应选择多产性较好的长白猪、大白猪做母本。

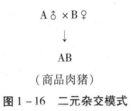

A♂×B♀

↓

AB

（商品肉猪）

图1－16　二元杂交模式

（2）回交。回交即先利用2个品种（系）杂交，所生杂种母猪再与该2个种群中的公猪进行杂交，所生杂种后代全部用作商品肉猪（如图1－17所示）。这种杂交方式可利用全部的母本杂种优势，但只能利用50%的个体杂种优势。例如，以大白猪做母本与长白猪进行杂交，或者以长白猪做母本与大白猪进行杂交，所得二元长大（大长）杂种母猪再与长白公猪或大白公猪进行杂交。

A♂×B♀

↓

AB♀×A♂

↓

A（AB）

（商品肉猪）

图1－17　回交模式

（3）三元杂交。三元杂交即先利用2个品种（系）杂交，所生杂种母猪再与第三个品种（系）的公猪进行杂交，所生杂种后代全部用作商品肉猪（如图1－18所示）。这种杂交方式在对杂种优势的利用上要大于二元杂交和回交。三元杂种利用了三个种群的遗传互补效应，并且可以利用二元杂种母猪在繁殖性能上的杂种优势，同时也能充分地利用个体杂种优势。在进行三元杂交时，第一母本（B）应按二元杂交时对母本的要求进行挑选。考虑到第一父本（A）对F_1代母猪繁殖性能的影响，第一父本（A）要选用与第一母本（B）在生长速度和胴体性能上能互补并且多产性较好的猪种。终端父本（C）则应具有很好的生长速度和胴体品质。例如，以东北民猪做第一母本、长白猪做第一父本进行杂交，所得二元长民杂种母猪再与大白公猪杂交。再如，以长白（大白）猪做第一母本、大白（长白）猪为第一父本进行杂交，再用杜洛克公猪与所得二元大长（长大）杂种母猪进行杂交。

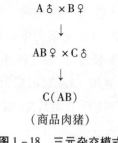

图 1-18　三元杂交模式

（4）四元杂交。四元杂交即先利用 4 个品种（系）两两进行杂交，然后再用所得两种不同的二元杂种公、母猪进行交配来生产商品肉猪（如图 1-19 所示）。由于商品肉猪的双亲都是杂种，所以从理论上讲，这种杂交方式能够充分利用父本杂种优势、母本杂种优势以及个体杂种优势。实验结果证明，四元杂种的后代比三元杂种的后代能更好地利用遗传互补性。但是，这种杂交方式需要 4 个适宜的种群才能够取得最大程度的杂种优势。其中，对 A 系和 B 系的要求是，应具有较快的生长速度和较好的胴体品质；对 C 系的要求同三元杂交的第一父本；对 D 系的要求同三元杂交的第一母本。

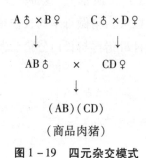

图 1-19　四元杂交模式

二、后备猪的生长发育特点

后备猪是成年猪的基础，后备猪的生长发育状况直接影响成年猪的生产性能和体形外貌。

（一）后备猪的生长发育

猪的生长发育是一个从小到大、从成熟到衰老，遵循一定的生命周期而进行的生命活动。这一生命活动包括从精子、卵子结合形成受精卵有了生命开始，经胚胎—胎儿—仔猪—保育猪—育成—成年—老年—淘汰死亡的全部过程。这一过程是在一个个体从亲代获得的遗传物质基础与该个体所处的环境条件相互作用下进行的。在一定的环境条件下，这一过程表现出了亲本的遗传信息向下一代的传递，即该个体的若干性状通过生殖细胞遗传给其下一代，从而呈现了生命活动的周期性。

生长发育是指细胞不断增大、分裂，致使猪的骨骼、肌肉、脂肪和各组织器官不断增长，以及它们的机能不断成熟和完善。小猪出生后不断向更大的形态发展，叫作生长；组织器官及其机能不断趋于成熟和完善，发生了质的变化，叫作发育。例如，小猪出生时消化植物性饲料的能力很差，但生长到一定时期，其胃不但体积增大，而且功能上也有了变化，即胃内的腺体开始分泌消化酶，以致消化植物精料的能力大大增强。这就标志着胃已发育到了能消化植物性饲料的阶段。

培育后备猪的主要任务是确保周期性很强、几乎没有间歇的猪的繁殖。

由于后备猪与商品猪在生长发育结果上各不相同,因此对它们在营养供应、饲养方式和各项管理措施上也有差异。商品猪因为生长周期短,所以在生长快的时期,要给予其全价的营养饲料、合适的生产环境和管理措施,以使其快速达到出栏体重,然后屠宰上市。后备猪是补充种用猪的后备力量,因此要求后备猪的体形外貌、生长性能具备种用猪的品种特点,并具有更好的遗传表现,以满足人们在经济上的要求。

后备猪的饲养在技术上要根据猪的生长发育规律,在猪生长的不同阶段控制营养水平、饲料类型和饲料喂量,以改变其生长曲线,抑制某些组织的过分生长,从而使后备猪按人的意志生长,按理想要求发育,即使后备猪体质健壮,有发达且机能完善的消化、血液循环和生殖器官,有适度的脂肪沉积、发达的肌肉、强健的四肢和更好的繁殖能力。

（二）后备猪体重的增长

体重是综合衡量后备猪身体各部位及组织生长状况的指标之一,体现着品种的特性。在正常的饲养条件下,猪体重的绝对值随年龄的增长而增大,而其相对增长强度则随年龄的增长而下降,到了成年时期,就会稳定在一定的水平。

仔猪出生后生长迅速,4月龄以内,相对生长强度最大;8月龄时,体重已达成年体重的1/2,但生长时间只占成年(36月龄)时间的1/4。因此,后备猪生长得好坏,对成年猪最终体重的大小影响很大。一般情况下,如果后备猪生长迅速,则其繁殖性能也会很好。

根据年龄的不同,后备猪的体重呈现出一定的规律性。以北京黑猪为例,其体重从23 kg开始增长,到50 kg以后生长强度迅速增加,到80 kg时达到最高峰,而后则下降;体尺变化在体重为100 kg时达到高峰,在体重更大时仍然加大;皮骨的生长在体重为80 kg时达到高峰,而后有下降趋势;瘦肉的绝对重和脂肪的绝对重在体重为100 kg时达到高峰。同样,长白公猪在6~7月龄时体重达到高峰,8月龄后体重绝对生长值下降;母猪体重的增长要比公猪早。

在正常饲养条件下,瘦肉型猪的生长特点表现为出生后在哺乳期具有较高的生长强度,体重达60 kg后生长强度则逐渐下降,体重达120 kg后生长缓慢。

留作种用后备猪的生长发育是否正常,影响其种用价值。

瘦肉型后备猪体重标准见表1-2。

表1-2　瘦肉型后备猪体重标准　　　　　　　　　　　单位:kg

品种	性别	3月龄	4月龄	5月龄	6月龄
长白猪	公	36	55	75	100
	母	35	52	70	90
大约克夏猪	公	30	51	76	104
	母	30	49	72	97
汉普夏猪	公	38	56	75	97
	母	32	49	62	79
杜洛克猪	公	32	41	69	93
	母	23	36	47	67

注:参见刘清海、梁铁强的《新编实用科学养猪》,黑龙江科学技术出版社1998年版

猪的体重增加和生长发育表现,还受饲养管理、生产环境条件等多种因素的影响。饲养不良、营养物质供应不足,将会导致猪只正常的生长发育受阻,生长缓慢,体重达不到正常标准。

(三)后备猪猪体组织的生长

由于月龄及品种、类型不同,猪体内各组织器官的生长强度也有差异。例如,从不同月龄荣昌猪骨、皮、肉、脂的比例来看,猪从出生到4月龄,其骨骼的生长强度最大,而后变得稳定;出生到6月龄,皮的生长较快,6月龄以后变得稳定;4月龄到7月龄,肉的生长较快;脂肪则是一直在增长,6月龄后增长得更为快速;自出生后,消化器官快速生长,4月龄后则减慢。因此,民间有"小猪长骨,中猪长皮,大猪长肉,肥猪长油"的说法。

(四)后备猪猪体化学成分的变化

猪体的化学成分随猪体组织的生长及体重的增长呈规律性变化,即随着体重和年龄的增长,脂肪迅速增加,蛋白质、水和灰分等的含量则下降;在体重达到45 kg或年龄达到4月龄以后,猪体内蛋白质和灰分的含量变得相对稳定。

此外,猪油中饱和脂肪酸的含量随猪体内脂肪含量的增加也相应增高,而不饱和脂肪酸的含量则趋于降低。

(五)后备猪身体各部位的生长

猪在生长期间,由于猪体各组织、各部位的生长速度不同,所以明显地形成了向心和向上两个生长波:第一生长波从颅骨开始分为两支,即向下伸向颅面和向后移至腰部;第二生长波由四肢下部开始,向上移至躯干和腰部。两个生长波在腰部汇合。因此,初生仔猪的头和四肢相对比较大,躯干短而浅,后腿发育很差。但是,随着年龄和体重的增长,其体高、身长首先增加,然后是深度和宽度的增加;腰部则是最高生长速度表现最迟的部分,也是猪体上最晚熟的部位。

猪体各组织器官和各部位生长早晚的顺序是神经组织—骨—皮—肌肉—脂肪。其中,骨骼由下向上生长,先长长度,后增粗度;脂肪按花油、板油、肌内脂肪、皮下脂肪的次序而沉积。这样就形成了综合猪体各部位及组织的早熟与晚熟生长速度图。这些生长曲线可以表现出猪体尺增长上的不平衡性。其中,体高表示外周骨及附在其上的肌肉的生长情况;中轴骨及其上肌肉的生长情况,则由体长、胸深和胸宽表示;胸围是反映脂肪、肌肉的生长以及体重变化最重要的指标。例如,荣昌后备母猪在3～5月龄期间,以生长体高为主,外围骨生长尤其强烈,其后锐降;5月龄以后,中轴骨加速生长,体长和胸围骤增。这是符合"小猪长骨,大猪长肉"规律的。

猪体各部位及各组织的生长速度和发育程度,决定了猪是否早熟。养猪的目的是经济、有效地生产肌肉和脂肪组织,以满足人们对肌肉和脂肪的需要。因此,猪的体重与猪主要商品部位和组织的生长速度之间的关系是很重要的,这也是猪体现在品种、类型上的特征。例如,脂肪型猪成熟得较早,其各组织的强烈生长期也来得早,活重在75 kg(我国地方猪种)时已经肥满,后腿发达,脂肪和肌肉的比例达到了屠宰适期;瘦肉型猪在同样体重时身体正在生长,蛋白质正在快速沉积,脂肪的含量较少,后腿不丰满。因此,晚熟型猪的身体中脂肪的含量较少。

猪体各部位和各组织生长速度的不平衡性,揭示了猪体生长的内在规律。因此,我们要根据猪的生长特点对其进行饲养。

三、后备猪的选择与培育

（一）后备公猪的选择与培育

断奶后至初次配种前选留作为种用的小公猪即为后备公猪。一个正常生产的猪群,由于性欲减退、配种能力降低或其他机能障碍等,每年需淘汰部分繁殖种公猪,因此,培育后备公猪予以补充是十分重要的。

1. 后备公猪的选择

（1）后备公猪品种的选择。在商品仔猪（肉猪）的生产中,种公猪品种的选择应根据杂交方案而进行。用作二元杂交的父本或三元杂交的终端父本来生产商品仔猪的种公猪,应具有较快的生长速度和较优良的胴体性能;用于生产三元杂交母本的种公猪（三元杂交的第一父本）,则应在繁殖性能和产肉性能上都较优异。目前我国大多以地方品种或培育品种为母本、引入品种为父本进行杂交,生产商品仔猪。因此,在进行二元杂交时,可考虑选用杜洛克猪、长白猪或大白猪做父本;在进行三元杂交时,应选择长白猪或大白猪这两个繁殖性能较好、产肉性能较高的品种做第一父本,选择杜洛克猪做终端父本。

（2）后备公猪个体的选择。后备公猪应具备以下条件:

①生长发育快,胴体性能优良。依据后备公猪自身的成绩,以及用于肥育测定的其同胞的成绩,进行后备公猪生长发育性能和胴体性能的选择。

②体质强健,外形良好。后备公猪的外形应具有该品种的典型特征,如毛色、耳形、头形和体形等。其体质要结实紧凑,肢蹄稳健,肩胸结合良好,背腰宽平,腹部大小适中（不过瘦也不拖地）;没有遗传疾患,并经系谱审查确认其祖先或同胞都没有遗传疾患。

③生殖系统机能健全。虽然公猪生殖系统的大部分在其体内,但是通过外部器官的检查,可以很好地掌握其生殖系统的健康程度。检查的要求是睾丸整齐对称、大小相同,摸起来结实但不坚硬;没有隐睾或单睾;没有包皮积尿、疝气等疾病。一般来说,如果睾丸发育得比较充分,而且外部检查正常,那么生殖系统的其他部分大都正常。

④健康状况良好。小型养猪场（户）经常从外场购入后备公猪,因此要保证后备公猪的健康状况良好,避免将新的疾病带入猪场。例如,选购可配种利用的后备公猪时,要求至少应在配种前60 d购入。这样才能有足够的时间对后备公猪进行隔离观察,并使其适应新的环境。即便发生问题,也有足够的时间补救。

2. 后备公猪的饲养管理

（1）2月龄小公猪留作后备公猪后,应按相应的饲养标准配制营养全面的饲粮,以保证后备公猪正常的生长发育,特别是骨骼、肌肉的充分发育;当体重达80～90 kg以后,应对其进行限制饲养,以控制脂肪的沉积,防止过肥。

（2）控制饲粮供给量,防止后备公猪腹大下垂,影响其配种能力。

（3）后备公猪在性成熟前可合群饲养,但需要确保个体间采食均匀。后备公猪达到性成熟后,应对其进行单圈饲养,以防止公猪互相爬跨而造成肢蹄、阴茎等的损伤。

（4）后备公猪应保持适度的运动,以强健体质、提高配种能力。后备公猪的运动可在运动场合群进行,但合群应从小开始并保持稳定,以防止调群所造成的咬架。

（5）后备公猪达到配种年龄和体重后，应对其进行配种调教或采精训练。配种调教宜在早晚的凉爽时间及公猪空腹时进行，并尽量使用体重大小与其相近的经产母猪。新引进的后备公猪应在购入半个月后再对其进行调教，以使其适应新的环境。

3. 后备公猪的初配年龄和体重

后备公猪的品种特性、饲养管理条件等不同，其初配年龄和体重也有差异。在正常饲养管理条件下，地方猪种可在 5 ～ 6 月龄、体重达 70 ～ 80 kg 时，开始配种使用；培育猪种在 7 ～ 8 月龄、体重达到 90 ～ 100 kg 时，开始配种使用；引入猪种在 8 ～ 9 月龄、体重达到 110 ～ 120 kg 时，开始配种使用。如果配种过早，不仅会降低繁殖成绩，而且会导致种公猪过早报废。

（二）后备母猪的选择与培育

后备母猪的培育阶段是指仔猪育成结束至第一次配种前的阶段。对后备母猪进行精心的培育，可以获得优良的繁殖母猪。每年猪场都要淘汰部分年老体弱、繁殖性能低下或有其他机能障碍的母猪，从而使繁殖母猪群能够保持较高的生产水平。被淘汰的母猪由后备母猪来补充，这样就可形成以青壮龄母猪为主体的理想猪群结构，并能保证繁殖母猪群的规模。因此，后备母猪的选择和培育是提高猪场整体生产水平的一个重要环节。

1. 后备母猪的选择

（1）选择标准。母猪对后代仔猪的遗传影响占 50% 的比例，对后代仔猪在胚胎期和哺乳期的生长发育也有重要的影响，同时还能影响后代仔猪的生产成本。在其他性能相同的情况下，产仔数和育成率越高的母猪，其所生产仔猪的相对生产成本越低。后备母猪的选择应考虑以下几点：

①体形外貌好。后备母猪的体形外貌要具有相应品种的典型特征，如毛色、头形、耳形和体形等。其体质要健壮，没有遗传疾患，并经审查系谱确定其祖先或同胞也没有遗传疾患。特别需要强调的是，所选择的后备母猪要有足够的乳头数，乳头排列要整齐，而且没有瞎乳头和副乳头。

②生长发育快。要选择自身和同胞都生长速度快、饲料利用率较高的个体。

③繁殖性能高。繁殖性能是衡量后备母猪优劣非常重要的指标之一。后备母猪应来自于繁殖性能好的高产母猪（产仔数多、哺育率高及仔猪断乳体重大的母猪），同时，应具有外生殖器官发育良好（如阴户发育较好）、配种前发情周期正常、发情症状明显等特征。

（2）选择时期。后备母猪的选择要分阶段进行。

①2 月龄阶段。2 月龄选择是窝选，即从父母代双亲生产性能优良，同窝仔猪数较多，哺育率较高，仔猪断乳体重大且均匀，并且同窝仔猪都没有遗传疾患的一窝仔猪中选择。由于猪的体重在 2 月龄时较小，品种特征也不明显，以致容易发生选择错误，所以进行 2 月龄选择时，选留数目要多一些，一般为正常需要量的 2 ～ 3 倍。

②4 月龄阶段。4 月龄选择时淘汰的个体数量较少，主要淘汰那些体形外貌有缺陷、体质差、生长发育缓慢的个体。

③6 月龄阶段。6 月龄选择是依据后备母猪自身和同胞的生长发育状况，以及同胞胴体性能的测定成绩来进行的。要淘汰那些自身体形外貌差、发育差以及同胞测定成绩差的个体。

④初配阶段。该阶段选择是对后备母猪进行的最后一次选择。要淘汰发情周期不规律、发情征候不明显，以及 2 ～ 3 个发情期配种不孕（非技术原因造成）的个体。

2. 后备母猪的生长发育控制

猪的生长发育有其自身固有的规律和特点,它的外部形态与各组织器官的机能之间有一定的变化规律和制约关系。因此,我们可以在猪的生长发育过程中进行人为的干预和控制,以满足生产中的不同需求。后备母猪培育生产的目的和途径与商品肉猪有所不同。商品肉猪生产要充分满足其生长发育所需的饲养和管理条件,利用其生长早期肌肉和骨骼生长发育快速的特点,使其生长速度较快,肌肉组织发达,从而实现提高猪肉的产量及品质的目的。后备母猪的培育则是为了补充淘汰的繁殖母猪。它是指依据猪各种组织器官生长发育的规律,人为地控制猪生长发育所需的营养和管理条件(饲粮营养水平、饲粮类型等),保障或抑制某些组织器官的生长发育,从而改变猪正常的生长发育过程,培育出发育良好、体质健壮及繁殖机能完善的后备母猪。

对后备母猪的生长发育进行控制的实质是,人为地调控猪各组织器官的生长发育速度。这种控制反映在猪的体重和体形上。构成猪体的骨、肉、皮和脂肪这四种组织的生长发育是不均衡的。其中,骨骼最先发育、最先停止;肌肉从仔猪出生至 4 月龄,生长速度相对逐渐加快,以后下降;脂肪在仔猪生长前期沉积很少,6 月龄前后开始增加,8～9 月龄时大幅度增加直至成年。不同品种猪总的生长发育规律是一致的,尽管都有各自的特点。

3. 后备母猪的饲养

(1)合理配制饲粮。要依据后备母猪不同生长发育阶段的营养需求合理地配制饲粮,保障饲粮中的蛋白质水平和能量浓度。特别要注意维生素和矿物质元素的添加,如果缺乏或过量,就容易导致后备母猪过瘦或过肥,以及骨髓不能良好地发育。

(2)合理饲养。后备母猪的营养水平应该前高后低,极为关键的是后期的限制饲养。适当的限制饲养,既能保障后备母猪良好的生长发育,又能控制其体重的快速增长,防止过肥。引入猪种的限饲一般应在其体重达 90 kg 后开始,在配种前 2 周结束,以提高母猪的排卵数。后期限制饲养的较好办法是在饲料中增喂优质的青粗饲料。

4. 后备母猪的管理

(1)合理分群。后备母猪饲养的密度要适当,一般为群养(每栏 4～6 头)。小群饲养的方式有两种。一是小群合槽饲喂。这种饲喂方法的优点是操作方便;缺点是容易造成强夺弱食,特别是在后期限饲阶段。二是单槽饲喂。这种饲喂方法的优点是猪群采食均匀,生长发育整齐。

(2)适当运动。运动能增强猪的体质,促进猪体发育匀称,特别是增强四肢的坚实性和灵活性。因此,要合理地安排后备母猪进行适当运动,可以在运动场内自由运动,也可进行放牧运动。

(3)调教。为方便后备母猪的饲养管理以及后期的生产,在培育阶段就要对其进行调教。调教可以建立人与猪的和睦关系,要求严禁粗暴对待猪只,从而为以后的配种、接产和产后护理等管理工作打下良好的基础。同时,要训练猪只养成良好的生活规律,养成"三点定位"的好习惯(固定地点采食、排泄和休息)。

(4)定期称重。不同时期个体的体重,既可作为后备母猪选择的依据,又可作为对饲粮的营养水平和饲喂量进行适当调整的依据,以控制后备母猪的生长发育。

5. 后备母猪的初配年龄和体重

后备母猪达到一定年龄和体重时,有了性功能,能进行性行为,即达到了性成熟。后备母猪达到性成熟后,虽然具备了繁殖能力,但猪体各组织器官还没有发育成熟、完善,如果过早地进行配种使用,则会影响其第一胎的繁殖成绩,并会影响猪体自身的生长发育,还会影响后备母猪后期各胎次的繁殖成绩。这样就会缩短母猪的使用年限。但也不适宜配种过晚,如果配种过晚,那么后备母猪体重过大,脂肪沉积过多,会增加后备母猪肥胖的概率,同时也会增加后备母猪的饲养管理成本。

后备母猪适于初配的年龄和体重,因其品种和饲养管理条件的不同而有差异。一般来说,早熟的地方猪种5~6月龄、体重达到50~60 kg时,有2次正常的发情表现,即可配种;引入猪种应在7.5~8月龄、体重达到120~130 kg时,有2次正常的发情表现后,方可进行配种利用。如果已经达到初配年龄,但猪的体重较小,则最好适当推迟配种;如果体重已经达到初配要求,但猪的年龄较小,则需要通过调整饲粮的营养水平、降低饲喂量来控制体重,等达到初配年龄时再进行配种。最理想的情况是,猪的年龄、体重和发情表现同时达到了初配要求时,再进行配种利用。

【项目测试】

1. 如何做好后备猪的引种工作?

2. 如何选择优秀的后备公、母猪?

3. 如何准确进行母猪的发情鉴定?

4. 我国地方猪种和外来引入猪种的种质特性有哪些?

项目二 种公猪舍生产

【知识目标】

1. 熟悉种公猪精液的主要组成成分。

2. 掌握种公猪精液品质的鉴定方法。

3. 掌握种公猪饲养的意义和目标。

4. 掌握种公猪的营养需求。

【技能目标】

1. 能准确、快速地检测精子密度和精子活力。

2. 能完成种公猪的调教和采精工作。

3. 能完成种公猪的日常饲养管理工作。

【素质目标】

1. 具有遵守企业规章制度的意识,能按要求完成工作。

2. 具有在生产中发现问题、思考问题及解决问题的能力。

3. 具有热爱职业、喜欢工作对象的情怀。

4. 具有团队协作精神。

5. 具有不断学习的能力。

6. 具有吃苦耐劳的品质。

【项目导入】

种公猪的生产管理工作是猪生产过程中非常重要的内容。饲养好种公猪、做好采精工作,是现代养猪生产的一个重要环节。提高种公猪精液的数量和品质是实现多胎高产的重要基础。

【种公猪舍主管岗位职责】

1. 负责种公猪的饲养管理及卫生清理工作。

2. 负责种公猪的采精工作。

3. 负责种公猪的转群、调栏工作。

4. 负责种公猪的营养护理与治疗,保障种公猪的健康度。

5. 负责设备和仪器的检查维护工作。

6. 负责后备公猪的调教工作。

7. 负责种公猪初步淘汰的鉴定工作。

8. 负责上报采购计划。

9. 负责种公猪的免疫、保健等相关工作。

10. 负责种公猪舍的生物安全工作。

11. 充分了解种公猪群的动态、健康状况,发现问题要及时解决。

12. 服从场长助理的领导,完成场长助理下达的各项生产任务。

任务 1 种公猪饲养管理

（一）工作场景设计

学校技术扶持的养殖农户最近在种公猪的饲养方面出现了问题，导致种公猪精液品质下降，为此请师生进行技术指导。全班学生每 4 人一组，每组饲养 2 头种公猪。教师进行现场指导。

（二）种公猪饲养管理目标

按计划完成每周的配种任务，保证全年均衡生产。

（三）工作日程

白天的工作时间随季节变化而有所变动，工作日程也做相应的改动。具体日程如下：
1. 7:00 ～ 9:00：采精和配种。
2. 9:00 ～ 9:30：饲喂。
3. 9:30 ～ 10:30：观察猪群和治疗病猪。
4. 10:30 ～ 11:00：清理卫生。
5. 13:30 ～ 15:00：冲洗猪栏、猪体。
6. 15:00 ～ 16:30：采精和配种。
7. 16:30 ～ 17:00：饲喂。

（四）操作规程

1. 种公猪的饲养

种公猪的日粮饲喂量应依据其年龄和体重以及舍内温度、配种任务等，进行适当的调整。一般情况下，在配种期内，舍内温度为 15 ～ 22 ℃时，体重 150 kg 左右成年公猪的日粮饲喂量是 2.5 ～ 3 千克/头；在非配种期内，日粮饲喂量约为 2 千克/头。对于季节性配种的公猪，为了使其顺利地完成配种任务，并且保证其身体不受到损伤，在生产实践中，一般在配种前 2 ～ 3 周，其饲养方式按照配种期来进行管理。

种公猪的饲喂次数一般为每日 3 次，以九成饱为宜。

青年公猪的日粮供给量每天应增加 10% ～ 20%，以满足其自身生长发育的需要。种公猪的饲粮一般选用干粉料或生湿料，每天可饲喂 2 ～ 3 次。调整每天的饲喂量可以控制种公猪体重的增长。如果采用本交配种方式，就更要注意种公猪的体重了。原因是如果种公猪体重过大，那么在配种时，母猪支撑公猪的体重会很困难，以至于影响配种过程和效果，更会造成种公猪过早被淘汰，从而增加饲养种公猪的成本。

2.种公猪的管理

（1）单栏饲养。

（2）合理运动。

（3）调教后备公猪。

（4）注意工作安全。

（5）种公猪的合理使用。后备公猪开始使用的时间为9月龄,在使用前,需要先对其进行配种调教和精液质量的检查。种公猪开始配种的体重应该超过130 kg。9～12月龄的种公猪,每周可以进行1～2次配种;超过13月龄的种公猪,每周可以进行3～4次配种。为避免发生配种障碍,身体健康的种公猪连续休息的时间不得超过2周;患病的种公猪1个月内不能进行配种。

（6）进行本交配种的种公猪每月必须接受1次精液品质的检查,夏季每月可以进行2次配种。种公猪的使用强度要根据精液的检测结果进行合理安排。

连续2次或3次精检不合格,并伴有睾丸肿大或萎缩以及跛行等疾病,或者性欲长期低下的种公猪,必须予以淘汰。

（7）做好种公猪的防暑降温工作。种公猪怕热,为防止其发生热应激,在天气炎热的季节,配种应选择在早晚较凉爽时进行,并且使用的次数要适当减少。

（8）要经常刷拭、冲洗猪体、及时对其进行体外驱虫,并注意种公猪肢蹄的保护。

任务2　种公猪采精与精液品质检查

（一）工作场景设计

学校技术扶持的养殖农户准备对发情母猪进行配种,请师生进行技术指导。全班学生每4人一组,每组负责一头种公猪。教师进行现场指导。

（二）主要仪器设备与材料

仪器设备:假台猪、显微镜、电子天平、采精保温杯、pH试纸、恒温水浴锅、精液分装瓶（袋）、电热干燥箱、微量可调移液器、恒温箱、一次性输精管、胶头滴管、恒温载物台、精子密度测定仪、双蒸水机、玻璃烧杯、pH仪、磁力搅拌器、剪刀、过滤纸或纱布、标签、玻璃棒、载玻片、保鲜袋、量筒、温度计和盖玻片等。

材料:手套、拖鞋、帽子、口罩、实验服、精液输送箱、废物桶、毛巾、卫生纸、医用托盘、橡皮筋、蓝墨水、蒸馏水25 l、0.1%高锰酸钾溶液、75%酒精、95%酒精、新洁而灭、甲紫、3%来苏儿、精制葡萄糖粉、柠檬酸钠、青霉素、链霉素和液状石蜡等。

所有接触精液的器材均应高压消毒。

（三）操作方法

1.采精

（1）采精室的准备。采精前,要先打扫假台猪,把其周围清扫干净,并特别注意处理地面的公猪精液。由于精液中有胶体,所以种公猪踩到上面时容易打滑并造成扭伤,从而影响生产。另外,采精室内也要避免积水和积尿,并且不能放置易倒的物品或碰撞后易发出较大响声的东西,以免惊吓到种公猪,进而影响其射精。

(2)制备采精杯。把一只一次性保鲜袋放在采精保温杯内,在杯口覆盖2~3层过滤纸(过滤纸的边缘要低于杯子边缘2 cm左右),并用橡皮筋固定好,然后将采精杯放在37 ℃恒温箱中以备使用。注意:要把杯盖和采精杯分开放在恒温箱内,以使采精杯内外的温度达到一致。

(3)把待采精的种公猪赶到采精栏内。注意:在采精之前,为防止干扰采精及污染精液,要先把其阴茎包皮上的被毛剪去。

(4)先把包皮内的积尿挤出,然后用0.1%高锰酸钾溶液清洗种公猪的包皮部和腹部,再用清水洗净并擦干;按摩包皮部,待种公猪爬上假台猪后,用清洁、温暖的手握紧伸出的龟头,并在种公猪前冲时,顺着前冲的力量把阴茎的"S"状弯曲给拉直,同时握紧阴茎螺旋部的第一和第二折(在种公猪前冲时不必强拉,让阴茎自然伸展)。阴茎充分伸展后,会达到一个强直、"锁定"状态,此时种公猪开始射精。在种公猪射精的过程中,如果压力减轻,则将导致射精中断,所以不要松手;在采精时,如果触碰种公猪的阴茎体,则阴茎将迅速缩回,所以在此过程中,要特别注意不能触碰阴茎体。

(5)种公猪最初射出的少量(20 ml左右)精液不予收集,待有乳白色的精液出现时,再用采精杯通过纱布过滤后收集起来(随时将纱布上的胶状物丢弃,以免影响精液过滤),直至种公猪射精结束即阴茎变软时才能松手。

(6)种公猪射精结束后,采精杯要被立即送进实验室进行精液品质检查。下班之前,要彻底清洗采精栏。

(7)采精频率。后备公猪调教合格后达到12月龄时,采精的间隔天数为7 d;后备公猪调教出来后,如果精子密度低于1亿个/毫升,则采精间隔可以安排为8~10 d,直至精子密度达到1亿个/毫升以上。然后,每3个月对供精份数每次在平均份数以上种公猪的采精间隔减少1 d。成年公猪的采精频率正常为2周3次,夏季因热应激会减少供精,所以要慎重调整采精的间隔天数。

(8)采精与喂料的时间间隔。要保持采精过后1 d以上再给种公猪喂料,最好下班前45~60 min开始喂料。

2.精液品质的检查

为便于对比及总结,检查过的公猪精液都要有详细的检查记录。精液的整个检查过程要迅速和准确,为避免时间过长影响精子活力,一般要求在5~10 min内完成,而且精液袋要放入37 ℃的水浴锅内恒温保存。精液质量检查的主要指标有精液量、精子活力、精液颜色、精子密度、精子畸形率和精液气味等。评定应在专门的处置室里进行。

(1)精液量。精液量通过称量精液的质量来间接测定,一般1 g精液相当于1 ml精液。正常情况下,后备公猪的射精量一般为150~200 ml,成年公猪为200~600 ml。

(2)精液颜色。正常精液的颜色为乳白色或灰白色,并且精子密度越高,色泽越浓。精液若呈粉红色,则说明精液中有血;若呈黄色,则说明精液中有尿液或脓汁。凡是颜色异常的精液,均应弃去不用。同时,要对种公猪进行检查,然后对症处理、治疗。

(3)精液气味。正常的公猪精液稍有腥味,但没有腐败、恶臭的气味。如果精液有特殊的臭味,则可能是混入了尿液或其他异物,应弃掉不用,同时检查采精时是否存在失误。

(4)精子密度。精子密度以1 ml精液中含有的精子数(亿个)表示,是确定精液稀释倍数的重要依据。正常公猪精液的精子密度为 2 亿~3 亿个/毫升,有的高达 5 亿个/毫升。为了提高公猪精液稀释后的精子活力,精子密度需通过调整采精间隔控制在 2.5 亿~3.5 亿个/毫升之间。精子密度的检查方法通常有两种。

①精子密度仪测量法。该方法最方便,检查需要的时间短,准确率高。但是,该方法有时会将精液中的异物按精子来计数,这一点应该予以特别注意。

②红细胞计数法。该方法最准确,只是速度慢一些,一般在精液稀释后再进行计数。具体操作步骤:使用微量可调移液器量取原精液 100 μl、3% KCl 溶液 900 μl,并倒入试管中,然后缓慢地上下搅拌使之混匀(搅拌时试管中不能出现气泡);在计数板的计数室上放一盖玻片,然后用移液枪吸取试管中部搅匀的精液 200 μl,从盖玻片的下边缘滴入一小滴精液(不宜过多),使其充满计数室(计数室内不能产生气泡);将计数板放置一旁晾干(或放恒温板上烘干 1~2 min),待精子全部沉降到计数室底部,可以清晰地看清精子的形状时,再将计数板置于载物台上夹稳;先在 10 倍低倍物镜下找到计数室,再转换成 40 倍高倍显微镜进行观察;记录 5 个中方格内精子的总数,然后在总数的基础上乘以 50 万,即可得到原精液的精子密度。

(5)精子活力。精子活力以做直线前进运动的精子数占全部精子数的百分率来表示。每次采精之后和精液使用之前,精子活力的检查都要进行。检查前,一般先将载玻片放在 37 ℃恒温载物台上,预热 2~3 min;用玻璃棒轻轻搅匀精液,然后用移液枪从精液杯中部取样 100 μl 并滴于预热好的载玻片上;盖上同样预热好的盖玻片,将载玻片放置在显微镜(目镜 16 倍,物镜 10 倍)下查看精子活力。为了避免一次取样不均匀造成的误差,一般要求按相同的方法取样两次查看,最后取两次的平均值作为该公猪的精子活力,并且做好记录。如果两次取样的精子活力差异较大,则需要进行第三次取样。

精子活力一般采用 10 级制来评价,即在显微镜下观察一个视野内做直线运动的精子数。若有 90% 的精子做直线运动,则精子活力为 0.9;80% 做直线运动,则为 0.8;以此类推。正常新鲜精液的精子活力一般高于 0.7。稀释后的精液,若活力低于 0.65,则弃去不用。

(6)精子畸形率。断尾或断头、大头或双头、巨型或短小、尾部有原生质滴或顶体脱落、折尾或双尾等精子是畸形精子。畸形精子授精能力差,一般不能做直线运动,但不影响精子密度。精子畸形率一般采用红细胞计数法计算,即 5 个中方格内畸形精子总数除以 5 个中方格内的精子总数再乘以 100%。经过检查的公猪精液,每一份都要填写《公猪舍精液稀释保存及发放记录表》,以便于对比和总结。

精子活力(稀释后)低于 0.65 或畸形率大于 18%,或者精液量小于 100 ml 的精液,弃去不用。

3. 不合格精液及种公猪的处理

(1)没有达到标准的精液一律作废,不得在生产中使用。

(2)精液品质检查不合格的种公猪绝对不可以用于配种或精液采集。

(3)对不合格种公猪进行"五周四次精检法"复检工作:第一次检查不合格的种公猪,7 d 后再次对其进行采精检查。第二次检查又不合格的种公猪,10 d 后再对其进行采精,精液弃掉不用;间隔 4 d 后再采精检查。仍然达不到标准的种公猪,10 d 后再对其进行采精,精液弃掉不用;间隔 4 d 后再采精检查。精液一直都不合格的种公猪,建议做淘汰处理;中途检查精液有时合格的种公猪,要根据其精液品质的状况酌情使用。

4. 精液的稀释及分装

(1)严格按照稀释粉的标准配比进行精液的稀释。

（2）稀释液配备好后，要及时贴上标签，并标明配制的时间、品名和经手人等。

（3）把配备好的稀释液放在水浴锅内进行预热（水浴锅的温度不能超过 39 ℃），以备使用。

（4）认真检查配备好的稀释液，一旦发现问题，要及时纠正。

（5）精液稀释要在恒温环境中处理。在 37 ℃恒温下，预热经过品质检查后的精液和稀释液。注意：稀释处理时，要防止阳光直接照射精液；尽快稀释采集后的精液；精子活力在 0.7 以下或未经品质检查的精液，不能直接用于稀释。

（6）精液稀释头份的确定。人工授精的正常剂量一般所含精子数约为 40 亿个/头份，体积为 80 ml，即 40 亿个/（80 毫升·头份）。例如，若有种公猪的原精液一份，其采精量为 150 ml，精子密度为 2 亿个/毫升，稀释后的精子密度为 40 亿个/（80 毫升·头份），则该种公猪的精液可以稀释为 $\frac{150 \times 2}{40}$ = 7.5 头份，需要加入稀释液的量为 80 × 7.5 − 150 = 450 ml。

（7）测量精液和稀释液的温度。要把稀释液和精液的温度调节为一致，必须以精液的温度为标准来调节稀释液，不能逆操作。两者可以相差 1 ℃以内，稀释液的温度要稍高一些。

（8）把精液移至容积为 2 000 ml 的大塑料杯中，然后沿杯壁缓缓地把稀释液加入精液中，再轻轻摇匀或搅匀。

（9）由于精子需要一个适应的过程，所以稀释液不能直接倒入精液中。如果需要高倍稀释，则先进行 1:1 的低倍稀释，1 min 后再把剩下的稀释液缓慢加入。

（10）检查精子活力要贯穿于精液稀释的每一步操作中。精液稀释后要静置片刻，然后再进行活力检查。如果精子活力下降，则必须查明原因，并且加以改正。

（11）混精的制作。将两头或两头以上种公猪的精液按照 1:1 的比例进行稀释或完全稀释，即为制作混精。制作混精之前，需要各倒一少部分精液混合起来，检查精子活力，如有下降，则不能制作混精。制作混精时，要把温度较高的精液倒入温度较低的精液内，并且每一步操作结束都需检查精子活力。制作混精的原则：一级精液同一级精液混，二级精液同二级精液混，三级精液尽量不用；不能跨级混合。

（12）洗涤用具。所用仪器的清洁卫生与否与精液稀释的成败有很大的关系。使用过的玻璃棒、烧杯和温度计等，要及时用蒸馏水洗涤，然后存放在恒温箱或干燥箱中，并定期进行高温消毒。只有这样，才能使稀释后的精液适期保存和利用。

（13）分装精液。对于以前没使用过的精液瓶（袋）和输精管（还包括其他与精液直接接触的所有物资，如稀释液、过滤纸、保鲜袋、蒸馏水等），应先检查其对精子是否有毒害作用，只有经检查无害，才能使用在生产中。精液稀释好以后，应先检查精子活力，活力没有明显（0.05 之内）下降的，才可以进行分装。分装按每头份 60~80 ml 进行，并要清楚标明种公猪编号。在用瓶分装时，应尽量减少精液与空气的接触。例如，可将精液瓶捏扁后加盖密封，以排掉瓶子里的空气，从而减少运输中的震荡对精子造成的应激。

（14）检查精子活力。保存 1~2 份生产出来的精液，然后连续 3 d 检查精子活力，并定期进行总结。

5. 精液的保存

（1）保存精液的室内要有温、湿度表。需要保存的不同品种精液应分开放置，以免拿错。精液瓶要先在 22 ℃左右室温下放置 1~2 h 后，再以平放或叠放的方式放入 17 ℃恒温冰箱中（冰箱中要有灵敏的温度计,温度可在 ±1 ℃内变动);或者用干毛巾包几层,然后直接放入 17 ℃冰箱中。

(2)精液放入冰箱后要经常查看。为了防止精子沉淀、聚集,从而造成精子死亡,每隔 12 h 要小心地以上下颠倒的方式摇匀精液一次。摇匀精液可在早上上班、下午下班、夜班和凌晨各进行一次。

(3)精液保存过程中,要保证冰箱处于通电状态。一定要随时注意观察冰箱内温度的变化,若温度出现异常或停电,必须重新检测所保存精液的品质。要尽量减少开关冰箱门的次数,以防止温度的变化对精子造成应激。

(4)精液的保存期一般为 1 ~ 3 d。

(5)保温和防震是精液运输中的关键因素。精液的运输采用专业的精液运输箱(厚泡沫箱或专用精液箱),要求精液箱下面必须有两层毛巾垫底,上面再盖有两层毛巾(毛巾每周更换一次)。精液箱要保证每周清洗、消毒一次,以确保干净。精液箱中要保持 17 ±1 ℃的恒温(夏季,精液箱要放置在配种室中的阴凉处,并在取精液的过程中避免阳光直射;冬季,精液箱要确保密封度,并放置于较暖处)。

(6)精液的回检。每次发放精液时要多出 1 ~ 2 份,并在多出的精液箱外标注"回检"字样,下班前再将其送回种公猪舍,并与实验室内同一编号的精液做活力对比检查。精子活力若有下降,则需查找原因并及时纠正。

【知识链接】

一、种公猪的饲养

饲养好种公猪、做好配种工作,是现代养猪业的重要生产环节,也是实现多胎高产的重要基础。配种工作的成败取决于种公猪精液的数量和质量是否合格,母猪是否正常发育并排出足够多活力强的卵子,以及是否采用先进的配种技术并做到适时配种。

饲养种公、母猪的目的,就是通过配种和母猪的妊娠、分娩而获得数量多、质量好的仔猪。俗话说:"母好好一窝,公好好一坡。"由此可知,种公猪的好坏对猪群的影响很大,对每窝仔猪的多少和体质优劣也起着相当大的作用。猪是多胎动物,繁殖得特别快。在本交的情况下,一头种公猪可担负 20 ~ 30 头母猪的配种任务,一年可繁殖 500 ~ 600 头仔猪;若采取人工授精,则一头种公猪一年可担负 400 头母猪的配种任务,可繁殖仔猪近万头。由此可见,种公猪在猪群增殖中起着非常重要的作用。因此,我们要特别重视种公猪的选种、育种以及幼龄公猪的培育工作。

(一)种公猪的种类

种公猪是与母猪进行配种繁殖的公猪,分为纯种公猪、杂种公猪两类。

1.纯种公猪。纯种公猪主要用于本品种保种和本品种的选育提高。纯种公猪的作用:一方面进行纯种生产;另一方面与其他品种母猪进行杂交,生产杂种猪。目前最常用的纯种公猪有长白猪、大白猪、杜洛克猪三个瘦肉型品种。

2.杂种公猪。杂种公猪是按杂优组合计划而生产的公猪,具有生长性能高、性欲强及精液品质好等杂种优势特点。杂种公猪的杂优组合如图 2 - 1 所示。

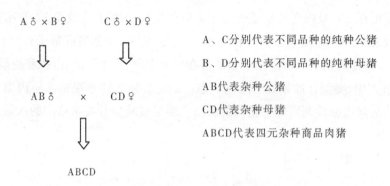

A♂×B♀   C♂×D♀

A、C分别代表不同品种的纯种公猪

B、D分别代表不同品种的纯种母猪

AB代表杂种公猪

AB♂ × CD♀

CD代表杂种母猪

ABCD代表四元杂种商品肉猪

ABCD

图2-1 杂种公猪的杂优组合

(二)种公猪的饲养

种公猪要有较强的雄性表现,即性欲旺盛、体质健壮、体长适中、后躯丰满、肢蹄强健有力、睾丸发育良好且匀称。为此,对种公猪进行的饲养必须合理,即要给种公猪饲喂营养价值完全的全价日粮,以维持种公猪的生命活力和旺盛的配种能力。这样既可保证种公猪的健康,又能提高其精液品质,进而能够提高母猪的配种受胎率。

1.适宜的饲养水平

各种营养物质的质量和数量符合公猪正常的生理需求是养好种公猪的物质基础。如果饲喂的日粮营养水平过高,就会导致种公猪体内脂肪的过多沉积,从而造成种公猪肥胖;如果饲喂的日粮营养水平过低,则会导致种公猪消耗体内的脂肪和蛋白质,形成氮、碳代谢的负平衡,从而造成种公猪体质消瘦。饲养种公猪的日粮要求:每千克日粮含消化能不低于 12.5 MJ,粗蛋白质含量在 14% 以上(体重 150 kg 的成年公猪每日消耗的热能为 29 MJ,蛋白质为 280 g)。种公猪精液数量的多少、精液品质的好坏及精子寿命的长短,都受到日粮中蛋白质含量的极大影响。

干物质占精液成分的 5%,其中 3.7% 为蛋白质。蛋白质又占干物质的 74%。参与形成公猪精子的氨基酸有赖氨酸、蛋氨酸、色氨酸、胱氨酸、组氨酸等,其中最重要的是赖氨酸。因此,喂给种公猪的日粮对于蛋白质既有数量的需求,又有质量的要求,即种公猪的日粮配制必须包括优质适量的蛋白质饲料,并注意蛋白质的生物学价值。需要注意的是,动物性蛋白质对提高精液的品质有良好效果,这一点是由动物性蛋白质生物学价值较高而决定的。如果日粮中缺乏蛋白质,就会导致氨基酸的比例不平衡,从而降低精液的品质;如果日粮中蛋白质含量过多,则会降低精子活力,减小精液浓度,从而增加精子畸形率;如果日粮中钙、磷的含量不足或比例失调,则会降低精液的品质,从而导致精子活力不强、发育不全以及出现死精。同时,种公猪的日粮配制还要注意钙和食盐的补充。种公猪日粮中钙、磷和食盐的比例以 1.5:1:1 为宜,即钙 15 g、磷 10 g、食盐 10 g。此外,维生素对精液品质的影响也很大,如果短期缺乏,则精液品质下降;如果长期缺乏,则种公猪睾丸会肿胀或萎缩,从而丧失繁殖能力。其中,缺乏维生素 D 能够影响种公猪对钙、磷的利用,从而间接影响精液的品质。在配种期间,对于体重在 150 kg 以上的种公猪,其每千克日粮中应添加维生素 A 4 100 IU、维生素 D 177 275 IU、维生素 E 8.9~11 mg。维生素 D 在饲料中含量较少,但若种公猪每天进行 1~2 h 日光浴,则其皮肤内的 7-脱氢胆固醇就可以转化为维生素 D,从而满足自身的需要。硒对种公猪的繁殖能力也有一定的影响。日粮中缺乏硒会造成种公猪贫血,从而导致其精液品质降低、睾丸退化。同时,烟酸和泛酸也是种公猪必需的营养物质。因此由上述可知,利用添加剂使日粮的营养价值平衡,会带来很好的效果。

2. 饲养方式

根据种公猪全年配种任务的集中和分散情况,其饲养方式分为两种。

(1)一贯加强的饲养方式。这种饲养方式是指在集约化养猪条件下,母猪实行全年均衡分娩,种公猪需常年担负配种任务,因此全年都要保证种公猪所需的较高营养水平。

(2)配种季节加强的饲养方式。这种饲养方式是指母猪实行季节性分娩,在配种季节开始前一个月,逐渐增加种公猪日粮的营养;在配种季节期间,达到并保持较高的营养水平;配种季节结束后,再逐渐降低日粮的营养水平至维持种用体况即可。

3. 日粮配合

根据种公猪的饲养标准饲喂配合日粮,可以满足其营养需求。种公猪的日粮要保证良好的适口性,并且体积不宜过大,以免造成种公猪"草腹",从而影响配种能力。日粮中不应含有太多的粗饲料,可以加入多种维生素和微量元素(见表2-1、2-2)。

表2-1 种公猪配种期的日粮配方

	配方编号	1	2	3	4	5	6
饲料配合比例/%	玉米	43.0	56.0	50.0	43.0	54.8	42.7
	大麦	28.0	23.0	10.0	35.0	13.9	—
	大米	—	—	—	—	10.0	10.0
	麸皮	7.0	5.0	17.0	5.0	7.7	12.5
	豆饼	8.0	5.0	11.0	8.0	10.0	15.0
	干草粉	6.0	—	4.5	—	—	—
	槐叶粉	—	3.0	—	8.0	—	—
	苜蓿粉	—	—	—	—	—	2.5
	鱼粉	6.0	7.0	6.0	—	3.2	15.6
	骨粉	1.5	—	1.0	—	—	—
	贝壳粉	—	0.5	—	0.5	—	—
	碳酸钙	—	—	—	—	—	1.0
	维生素添加剂	—	—	—	—	—	0.2
	食盐	0.5	0.5	0.5	0.5	0.4	0.5
营养成分	消化能/(MJ×kg⁻¹)	12.68	12.76	13.10	12.72	13.14	13.60
	粗蛋白质/%	15.4	15.1	16.5	12.7	13.9	21.9
	粗纤维/%	5.4	3.7	4.1	4.9	3.0	3.4
	钙/%	0.84	0.86	0.61	0.59	0.24	1.14
	磷/%	0.68	0.47	0.58	0.47	0.40	0.78
	赖氨酸/%	0.80	0.77	0.81	0.55	0.60	1.15
	蛋氨酸/%	0.23	0.22	0.27	0.17	0.24	0.35
	胱氨酸/%	0.17	0.16	0.18	0.16	0.18	0.24

注:参见李文英的《猪饲料配方700例》,金盾出版社1999年版

表 2-2 种公猪非配种期的日粮配方

配方编号		1	2	3	4	5
饲料配合比例/%	玉米	28.9	65.0	65.0	38.3	31.0
	小麦	—	—	4.2	—	—
	高粱	4.6	—	—	3.7	5.0
	麸皮	11.8	15.0	—	14.7	12.0
	酒糟	18.1	—	—	18.8	18.0
	玉米青贮	16.1	—	—	7.6	16.0
	玉米秸粉	—	—	—	—	—
	草粉	—	3.0	—	—	—
	南瓜	—	—	—	—	—
	大豆	—	—	2.8	—	—
	豆饼	13.8	15.0	25.9	11.1	6.0
	葵花籽饼	4.6	—	—	3.7	10.0
	骨粉	1.0	—	1.0	0.7	0.7
	贝壳粉	0.6	1.5	0.5	0.7	0.7
	食盐	0.5	0.5	0.6	0.7	0.6
营养成分	消化能/(MJ×kg^{-1})	12.09	13.64	14.90	11.88	12.01
	粗蛋白质/%	18.30	14.20	18.80	16.30	17.8
	粗纤维/%	3.70	3.60	3.00	5.10	6.30
	钙/%	0.67	0.64	0.53	0.72	0.77
	磷/%	0.59	0.43	0.37	0.60	0.62
	赖氨酸/%	0.99	0.67	0.99	0.80	0.89
	蛋氨酸/%	0.27	0.20	0.16	+0.99	+1.21
	胱氨酸/%	0.20	0.16	0.21		

注:参见李文英的《猪饲料配方 700 例》,金盾出版社 1999 年版

如果种公猪数量少并且在当地买不到种公猪商品料,而自己又不能配制,则可用哺乳母猪料代替,但不宜采用生长肥育猪料代替。

4.饲喂技术

饲喂种公猪应控制饲喂量,即根据种公猪的体况、配种任务等,适当调整日粮的营养水平或饲喂量,以保证种公猪体质健壮、精液品质优良、性欲旺盛且配种能力强。配种期任务轻时,种公猪的日粮饲喂量应控制在 2~2.5 kg;配种期任务重时,可增至 2.5~3 kg。

饲料原材料要新鲜、质量好,并且搭配要多样化,以保证营养成分的互补作用和饲料的适口性,从而达到既提高饲料的利用率又经济利用饲料的效果。

二、种公猪的管理

种公猪需要进行合理的管理,以使其体质保持健壮,配种能力得到提高。

（一）单养与群养

种公猪的喂养一般分单栏喂养和小群喂养。种公猪单栏喂养能够减少群养所造成的争斗和爬跨等干扰，并能根据种公猪本身的食欲进行饲粮的合理调整。种公猪小群喂养要从断奶开始。若一直群养，则一般不会打架、争斗；若成年以后合群，则易打架甚至咬伤。种公猪开始配种后一般不宜合群。种公猪小群喂养的主要优点是便于管理，但缺点是往往容易引起相互间的争斗。为了避免争斗致伤，种用小公猪出生后应将其犬齿剪掉，并待其断奶后再合群喂养、合群运动。种公猪初配时，宜单栏喂养、合群运动，以避免或减少种公猪间互相咬架、争斗；种公猪配种后不能立刻归群，需休息 1~2 h，待其气味消失后再归群。

（二）合理运动

运动的目的是使种公猪加强新陈代谢、增强体质、提高繁殖机能。运动不足会造成种公猪肥胖、性欲低下，并易患肢蹄病，从而影响配种效果；合理的运动能增进食欲、促进消化，可使种公猪体质增强，避免肥胖，并可提高其性欲、配种能力和精液品质。种公猪要坚持运动，每天应不少于 1 000 m。种公猪一般在运动场自由运动，或者对其进行驱赶运动，有些地区还进行放牧运动。夏季适合在早晚凉爽时各进行一次运动，冬季可在中午相对温暖时运动一次。种公猪如果不进行运动，则其使用年限会缩短，从而增加淘汰率。这样的种公猪一般只能利用 2 年左右。

（三）刷拭和修蹄

每天用刷子定时刷拭种公猪的身体，可以保持其皮肤的清洁卫生，同时可促进其血液循环，并减少外寄生虫病和皮肤病的发生。天气炎热时，刷拭可以结合淋浴冲洗进行。经常进行刷拭，可以增进人和猪的亲近感，便于后期对种公猪进行采精和辅助配种。

种公猪肢蹄的保护要受到重视。如果蹄形不正常，则种公猪的活动和配种会受到影响，所以要关注种公猪的肢蹄，并对不良的蹄形及时进行修整。

（四）定期称重

定期称重可以了解种公猪的生长发育状况，并可根据其体重变化及时调整日粮的营养配比和饲喂量。处于生长阶段的青年公猪的体重应该逐渐增长，但不宜过肥；成年公猪的体重要保持相对稳定，但其膘情要保持中上等。

（五）精液品质的定期检查

根据精液品质的好坏，及时调整日粮的营养水平、运动量的大小和配种的次数，是保证种公猪体质健壮以及提高母猪受胎率的重要措施之一。配种季节精液品质的检查最好每 10 d 进行一次。对于精液品质差的种公猪，饲养管理的方式方法要及时改进。

（六）防止自淫

种公猪自淫会爬跨其他公猪或围墙，因而易造成其阴茎的损伤。自淫的种公猪体质瘦弱、性欲减退，严重时不能配种。杜绝不正常的性刺激是防止种公猪自淫的主要办法。

1. 种公猪不运动或运动量少,易发生自淫。因此,应加大后备和非配种期公猪的运动量,增加自由活动时间。

2. 种公猪舍应建在母猪舍的上风向,并且距离要稍远一些,让公猪闻不到母猪的气味、听不到母猪的声音;配种场地也要和种公猪舍保持一定距离。

3. 种公猪如果是小群喂养,那么公猪配种后会带有母猪的气味,易刺激同栏的其他公猪爬跨。因此,要让配种后的公猪休息 1~2 h 后再回原圈栏中。

(七)建立良好的生活制度

种公猪的饲喂、运动和刷拭等生活日程要有合理的安排,从而减少应激并使其养成良好的生活习惯,以增强体质,提高配种能力。

(八)防止咬架

种公猪特别好斗,偶尔相遇就会咬架,因此应尽可能避免让它们相遇。种公猪咬架时,用木板或其他物品挡住其头部,可将其隔离开;或者用水猛冲其眼部将其撵走;或者迅速放出发情母猪将其引走。

(九)防寒防暑

种公猪最适宜的舍内温度为 18~20 ℃。冬季,猪舍要防寒保温。特别是北方的冬天,由于气温较低,猪要通过增加采食量来补充能量,造成饲料的浪费,所以要防寒保温,减少饲料的消耗以及因低温而引发的疾病。夏季,猪舍要防暑降温。高温对种公猪的影响尤为严重,轻者可造成种公猪食欲下降、性欲降低,重者可造成种公猪精液品质的下降,种公猪甚至会中暑死亡。种公猪长时间处于热应激的环境下,会诱发睾丸炎,也会导致精子发育不良或受损、睾丸生精机能发生障碍、精子畸形率增加,以及种公猪的种用价值降低、种用年限缩短。严重时,还可造成种公猪永久丧失睾丸的生精机能。

夏季气温过高时,降低猪舍温度的措施主要有两种。

1. 喷淋降温。这样降温时必须注意猪舍的湿度,喷淋次数不能过多,水温不可过低。

2. 通风。纵向通风能够在猪体周围形成较大的风速,提高猪体的散热量,从而能使种公猪保持良好的配种性能。

(十)适时调教

后备公猪一般在 4 月龄出现性行为,但没有使母猪受胎的能力;5~8 月龄达到性成熟;8~9 月龄达到体成熟。因此,对后备公猪进行调教要从 7~8 月龄开始。调教的目的是诱导后备公猪正确地爬跨假台猪,以便进行正常的人工采精。

1. 调教后备公猪的方法

(1)6~7 月龄的后备公猪,一般都会出现爬跨其他公猪、小母猪的性行为,因此要从 7 月龄开始调教后备公猪爬跨假台猪。调教方法:将后备公猪赶进采精室,关好门防止其逃跑,然后拍打假台猪诱导后备公猪爬跨。后备公猪一旦爬跨上假台猪,采精人员要立即进行采精(采精技术要十分熟练)。每次调教的时间为 20 min 左右,不要太长。第二天在相同时间再进行调教。

(2)有些后备公猪胆小,为使调教能尽快成功,可将发情母猪的尿液或阴道分泌物涂抹在假台猪的后部,通过气味引诱公猪去接触,待其爬跨假台猪后,再从后侧方进行采精。

(3)可将一头发情旺盛的母猪赶入采精室,并在其背部搭个麻袋,然后将待调教的后备公猪赶入采精室;待公猪爬跨发情母猪并呼吸急促时,将其拉下;遮住公猪的眼睛,同时将发情母猪赶走,然后将麻袋搭在假台猪上,诱导公猪爬跨。

(4)对难调教的后备公猪可进行多次短暂的调教训练,每周调教 4 ~ 5 次,每次 15 ~ 20 min。调教成功以后,如果公猪的性欲很好,可 7 d 进行一次采精;如果公猪的性欲一般,则 2 ~ 3 d 采精一次,连采 3 次;如果调教中公猪表现出厌烦、受挫情绪或失去兴趣,则调教训练要立即停止。

2.注意事项

(1)要有足够的耐心。耐心是采精人员调教后备公猪成功的关键因素。采精人员不要期望一次调教就能成功,要做到"三不",即不强迫后备公猪爬跨假台猪,不将后备公猪长时间关在采精室中,不惩罚调教中的后备公猪。否则,后备公猪会不愿进入采精室,厌恶采精训练,从而增加调教难度。一次调教训练持续 20 ~ 30 min 即可,并且无论后备公猪是否爬跨了假台猪,都应将其赶回原圈内。第二天在相同时间再进行同样的训练。

(2)防止公猪逃跑。待调教的后备公猪不熟悉采精室,也不能很好地理解采精人员的意图,总想逃出去,因此其进入采精室后采精人员要立即关好门。经过一段时间后,后备公猪便会熟悉周围环境,开始尝试爬跨假台猪。

(3)谨慎接近公猪,保证安全。为防止后备公猪攻击人,采精人员一是要离公猪的头部有些距离,不要太近;二是要面对着能看见公猪的方向进行操作。

(4)采精人员要亲自饲喂和管理待调教后备公猪。人畜关系亲和是后备公猪调教成功的一个重要因素。在调教之前,采精人员对后备公猪进行一段时间的饲喂,并且每天为其进行刷拭,可以增进人与猪的亲和力,减少公猪对采精人员的恐惧以及公猪的防御行为,从而有利于对公猪进行相应的训练和采精操作。

(5)后备公猪爬上假台猪后,采精人员可以从后面靠近公猪,轻轻地按摩其包皮。这样有利于激起公猪的性反射,便于采精。

(6)采精人员应操作熟练。采精过程中,采精方法不正确会造成后备公猪巨大的痛苦;锁定力度不合适或龟头脱手,也会引起公猪的不舒适和痛苦。这些不舒适和痛苦会使公猪从假台猪上退下来,从而增大今后调教的难度。即使是已经成功进行采精的后备公猪,如果采精方法不正确,那么已经建立起来的条件反射也会被削弱。因此,在公猪爬跨上假台猪后,采精人员熟练、准确的操作技术,对于调教成功是十分重要的。

(7)采精成功后,为巩固记忆,使后备公猪形成牢固的条件反射,应在第二天和第三天的同一时间重复进行一次采精。

3.调教的年龄

后备公猪因品种不同、性成熟时间不同,调教的最佳时机也不同。一般情况下,6.5 ~ 7.5 月龄的小公猪比较好调教。

(十一)管理中的注意事项

在现代化养猪生产中,种公猪的管理尤为重要,要求发情期母猪配种受胎率必须在 80% 以上,才能保持猪群有较好的生产水平。在管理中,有三个问题必须注意。

1. 要有独立的配种区。配种区最好呈八角形,对角线长度在 3 m 以上,墙壁结实且无突出物(食槽、饮水器等),以免配种时造成猪体损伤。地面要结实、平坦。

2. 保持适宜的温度。猪在封闭式猪舍中饲养,夏季气温过高,因此应注意防暑降温。若种公猪与母猪养在一起,则会因密度过大、通风不良而温度过高,所以应及时进行调整。温度高易导致母猪配种受胎率低,严重时更会影响窝产仔数。若在高温季节配种,则应及时加强种公猪舍的通风,或使用凉水喷雾降温,以保持种公猪生活环境的适宜。

3. 做好配种计划。现代化养猪场应按工艺要求,制订适宜的配种计划,并保证配种质量和较高的母猪配种受胎率,从而使生产工艺流程顺利实施,并按要求完成配种、产仔等规定任务。

三、种公猪的合理使用

饲养种公猪的目的就是配种利用。种公猪精液品质的优劣以及种公猪使用年限的长短,除了与饲养管理有关,还在很大程度上与后备公猪初配年龄的大小以及种公猪利用强度的大小有关。

1. 初配年龄

后备公猪的初配年龄,因其身体发育状况与品种、当地气候和饲养管理条件等的不同而有所变化。我国地方猪种性成熟早,如内江公猪,65 日龄就能产生精子;国外猪种及其杂种公猪性成熟较晚,4 ~ 5 月龄才能成熟。后备公猪最适宜的初配年龄一般根据其品种、年龄和体重来确定。例如,小型早熟品种应在 8 ~ 10 月龄,体重占成年公猪体重的 50% ~ 60% 这个阶段开始初配。

2. 利用强度

如果种公猪配种利用强度过大,则其精液品质会显著降低,母猪受胎率也会受到影响;如果种公猪长期不配种,则会使其性欲不旺盛、精液品质降低,也会造成母猪不受胎。有研究者指出,公猪长期禁欲,其繁殖能力会很差,精液内老、死的精子会有很多。因此,必须合理地利用种公猪。

实验结果证明,种公猪每日配种一次,射精量约为 160 ml,精子数约为 128 亿个;隔日配种一次,射精量约为 232 ml,精子数约为 220 亿个。由此可见,采精频率对采精量的影响要比对精子密度、一次采得的精子数和活精子数的影响小一些。

种公猪的配种强度以适度为原则,具体应根据种公猪的年龄、体况进行安排。8 月龄 ~ 1 岁的青年公猪每日可配种 2 次,每周最多 8 次;1 岁以上的青年公猪和成年公猪每日可配种 3 次,每周最多 12 次。日配 1 次,最好在早饲后 1 ~ 2 h 进行;日配 2 次,应早晚各 1 次。天气炎热时,配种利用强度应适当降低(见表 2 - 3)。

表 2 - 3　种公猪的配种强度

	青年公猪(8 ~ 12 月龄)	成年公猪(大于 1 岁)
每天配种次数	2	3
每周配种次数	8	12
每月配种次数	25	40

注:参见郭宗义、王金勇的《现代实用养猪技术大全》,化学工业出版社 2010 年版

3. 种公猪的淘汰

种公猪的质量影响着全群的生产。达不到使用要求的劣质公猪,要坚决予以淘汰。目前,集约

化、规模化的养猪生产,要求不断改进管理手段,提高经济效益,因此,为达到低成本、高效益、高生产水平的目的,对猪群质量的要求也在不断提高。为适应生产需要,不断更新、补充有血缘需求的青年公猪,以及淘汰原有公猪,属于养猪生产中自然淘汰的范围。需淘汰的种公猪主要包括以下几种:

(1)性情暴躁、攻击人的公猪。

(2)患肢蹄病,影响配种或采精的公猪。

(3)经检查发现患严重传染病的公猪。

(4)超过 12 月龄,不能使用的后备公猪。

(5)患先天性生殖器官疾病的后备公猪。

(6)患普通疾病,治疗两个疗程未康复,因疾病问题长时间不能采精的公猪。

(7)性欲低、采精量低于标准值 100 ml 以下、精液品质长期不合格(连续一个月或连续采精 4 次不合格)的公猪。

(8)品种、外形评定不合格的公猪。

(9)配种超过 150 胎或使用超过 2 年的成年公猪。

(10)过肥(4 分膘)或过瘦(2 分膘)、体况极差的公猪。

公猪精液的等级标准见表 2－4。成品精液的使用标准:精子活力 0.65 以上,精子畸形率 18% 以下(夏天)或 16% 以下(冬天)。基于育种的特殊要求,该标准可以进行适当调整。

表 2－4 公猪精液等级标准

等级	条件
优	采精量 250 ml 以上,精子活力 0.8 以上,精子密度 3.0 亿个/毫升以上,精子畸形率 5% 以下,精液颜色、气味正常
良	采精量 150 ml 以上,精子活力 0.7 以上,精子密度 2.0 亿个/毫升以上,精子畸形率 10% 以下,精液颜色、气味正常
合格	采精量 100 ml 以上,精子活力 0.65 以上,精子密度 0.8 亿个/毫升以上,精子畸形率 18%(夏天)或 16%(冬天)以下,精液颜色、气味正常
不合格	采精量 100 ml 以下,精子活力 0.65 以下,精子密度 0.8 亿个/毫升以下,精子畸形率 18%(夏天)或 16%(冬天)以上,精液颜色、气味不正常。以上条件只要有一个符合,即为不合格

【项目测试】

1. 对种公猪进行采精的注意事项有哪些?

2. 精液应如何分装、保存?

3. 种公猪淘汰的原则是什么?

4. 如何合理地使用种公猪?

项目三

配怀舍生产

【知识目标】

1.掌握母猪发情周期的规律及特点。

2.掌握胎儿生长发育的规律及特点。

3.掌握待配母猪和妊娠母猪饲养的意义和目标。

4.掌握待配母猪的营养需求。

5.掌握妊娠母猪不同阶段的营养需求。

【技能目标】

1.能准确对母猪进行发情鉴定。

2.能准确对母猪进行妊娠鉴定。

3.能按照操作规程完成母猪的人工授精。

4.能完成配怀猪的饲养管理。

【素质目标】

1.具有遵守企业规章制度的意识,能按要求完成工作。

2.具有在生产中发现问题、思考问题及解决问题的能力。

3.具有热爱职业、喜欢工作对象的情怀。

4.具有团队协作精神。

5.具有不断学习的能力。

6.具有吃苦耐劳的品质。

【项目导入】

待配母猪和妊娠母猪的生产管理工作是猪生产过程中非常重要的环节。做好待配母猪的发情鉴定工作并及时进行配种,以及通过加强妊娠母猪的饲养管理,提高母猪的繁殖能力,可以达到多胎高产的目的。

【配怀舍主管岗位职责】

1.负责配怀舍的日常管理工作,负责编制生产计划,组织并落实各项生产任务。

2.负责组织、监督本舍人员严格按生产计划进行生产。

3.负责了解本舍猪群的动态、健康状况,发现问题要及时解决或向上级反映。

4.负责配怀舍饲料、药品、疫苗、物资、工具的使用计划及领取,监控以上物品的使用情况以降低成本。

5.负责落实好技术中心制定的免疫程序和用药方案,并组织实施养猪公司阶段性和季节性操作方案,包括防暑降温、防寒保暖、疾病处理等;严格按照作业指导书的规程要求及配种计划做好本舍的配种工作,包括母猪的查情、促发情、输精、空怀鉴定等,以提高生产成绩。

6.定期组织召开班组会议,充分研讨并解决本舍存在的突出的生产、成本控制和繁育等问题。

7.负责整理和统计本舍的生产日报表与周报表。

8.组织安排赶猪、调栏、断奶、淘汰等集体工作。

9.负责本舍人员的休假及工作安排。

任务 1　母猪发情鉴定

（一）工作场景设计

学校技术扶持的养殖农户根据配种计划准备实施配种任务，为此请师生帮助鉴定母猪发情情况，以便提高配种受胎率。全班学生每 4 人一组，每组负责对一头待配母猪进行发情鉴定。教师提供指导。

（二）操作方法

学生经过消毒后进入母猪舍，逐栏进行详细观察。然后，根据母猪的转入记录，重点寻找断奶一周左右的母猪；根据后备母猪的发情记录，寻找可能发情的母猪。鉴定方法主要有三种。

1. 外部观察法

母猪发情时表现为兴奋不安，在圈内来回走动，食欲减退甚至废绝，哼叫并爬跨其他母猪。这时，母猪的阴门会肿胀、潮红并排出一些黏液。非发情母猪喜欢趴卧睡觉，表现较为安静，并且阴门紧闭，外阴没有肿胀。因此，观察母猪外阴的红肿程度及其行为表现，可以判定其是否发情。

发情母猪最佳配种时期的特征：母猪阴道黏膜肿胀、发亮，略呈暗红色；黏液由稀薄变得黏稠，可在手指间拉成细丝且手感光滑。

2. 静立反应法

学生站在母猪的侧面或后面，双手以 98～196 N 的力量按压母猪的背部，或者骑在母猪背部。如果这时母猪表现出神情呆滞、竖耳、静立不动、双腿叉开等动作，即适宜配种。

3. 公猪试情法

用于试情的公猪要选用种用性能好且较为温顺的种公猪（生产实践中嘴中泡沫较多的公猪种用性能较好）。安排试情公猪与母猪接触，如果母猪允许试情公猪爬跨，则说明此时可以进行本交配种。规模化猪场一般早晚各用公猪试情一次。试情时，母猪要能看到公猪并能嗅到公猪的气味。生产实践中一般要综合运用以上三种方法，即在公猪试情前先进行静立反应检查，然后，结合对母猪的行为以及外阴变化、阴道黏膜与黏液变化情况的观察进行鉴定。这样可提高母猪发情鉴定的准确率。

每鉴定完一头母猪，学生都要填写"母猪发情鉴定表"（如表 3－1 所示）。

表 3－1　母猪发情鉴定表

栋栏号	品种	耳号	鉴定方法	鉴定依据	鉴定结果

任务 2　猪人工授精

（一）工作场景设计

学校技术扶持的养殖农户在师生的帮助下,对经鉴定已发情的母猪进行人工授精。全班学生每 4 人一组,每组负责对一头发情母猪进行人工授精。教师提供指导。

（二）操作方法

1. 将试情公猪赶至待配母猪栏前,使母猪在输精时与公猪有口鼻接触。

2. 用一次性卫生纸巾将母猪外阴擦拭干净。

3. 取出无污染的一次性输精管(手不可触碰其前端 2/3 部分),并在输精管的前端涂上润滑油(对精子无害)。

4. 将输精管斜向上插入母猪的阴道内,当感觉有阻力时,再稍微用一点力,直到轻轻回拉不动即输精管的前端被子宫颈锁定为止。

5. 从贮存箱中取出公猪精液,并将其与母猪的耳牌、耳缺、档案进行核对,以确认标签正确。如果猪场实行公猪精液分等级使用制度,那么需要注意第一次配种只能使用一级公猪精液,第二次和第三次配种可以使用一级或二级公猪精液,三级公猪精液只能在第三次配种时使用。

6. 小心混匀精液(上下颠倒数次),然后剪去瓶嘴,将精液瓶接上输精管,开始输精。同时,要边输精边加大对母猪的按摩力度(输精时,配种人员为增强母猪的性欲,可以对母猪的阴户或乳房等进行按摩)。

7. 轻压输精瓶,确定精液能够流出;用针头把输精瓶的瓶底扎一个小孔,同时按压母猪的背腰或按摩其外阴和乳房,促使子宫产生负压吸入精液。注意:绝不允许将精液挤入母猪的阴道内。

8. 精液一般会在 3 ~ 5 min 内输完,但不要少于 3 min。因为输得太快,倒流得也快。输精的时间可以通过调节输精瓶的高低来控制。输完精后,要继续对母猪按摩 1 min 以上。

9. 输完精后,为防止空气进入母猪阴道,可将输精管后端折起并塞入输精瓶中;输完精后 1 ~ 1.5 h,即可拉出输精管。

10. 每对一头母猪输完精,就要立即进行配种记录登记。

11. 高温季节宜在上午 8 时前、下午 5 时后进行人工授精,并且最好选在母猪空腹时进行。

任务 3　母猪早期妊娠诊断

（一）工作场景设计

学校技术扶持的养猪场要对已经人工授精的母猪进行妊娠检查,以判定其是否妊娠,为此请学校提供帮助。全班学生每 4 人一组,每组负责检查一头配种后 3 ~ 5 周的母猪。养猪场提供配种记录表。

（二）操作方法

母猪妊娠诊断的关键体现在五个方面：

1. 早。这是指在配种后3周或4周内确诊母猪是否妊娠。

2. 准。这是指妊娠诊断的准确率要高于85%，最好达到100%。

3. 易。这是指妊娠诊断的方法要操作简便、容易掌握。

4. 廉。这是指妊娠诊断所需的仪器费用较低。

5. 安全。这是指妊娠诊断不影响胎儿的正常发育，不会造成流产。

实际生产中结合经验和设备情况，母猪的妊娠诊断常采用外部观察法和超声波诊断法。

1. 外部观察法

如果母猪配种后经过一个发情周期（18～25 d）未表现出发情，或至6周后再观察仍没有发情表现，则基本可以确定妊娠。母猪妊娠后的外观表现：性情温顺，行为稳重谨慎，食欲增加并且旺盛，喜欢睡眠、趴卧，被毛日渐有光泽，外阴部正常且阴门收缩紧闭成一条线，体重有所增加。注意发情延迟，以及胚胎早期死亡或被吸收而造成的长期不发情等情况；个别母猪在配种后3周左右会出现假发情现象，具体表现是发情持续时间短（1～2 d），对公猪不敏感。

学生要对指定空怀母猪和已确定妊娠的母猪进行区别、比较。

2. 超声波诊断法

目前，实际生产中应用的诊断仪主要有A超和B超。超声波诊断法的一般操作：首先，打开诊断仪电源，并在母猪腹底部后侧的腹壁上（最后乳头上方5～8 cm处）涂抹植物油；然后，将诊断仪探头紧贴其上。

A超除了以波形提示妊娠外，还会发出音响报警而显示妊娠（其发射的超声遇到充满羊水而增大的子宫就会报警）。若没有反应，可多次调整探头的方位；若仍无报警，则说明未妊娠。使用A超进行妊娠诊断时，出现假妊娠诊断结果的原因有膀胱内充满尿液、子宫积脓、子宫内膜水肿、直肠内充满粪便等。

B超可用于观察胎心搏动、胎动及胎盘等。使用B超进行妊娠诊断时，若子宫内出现暗区，则可判断为妊娠。

检查完毕，无论母猪妊娠与否都要做好记录，以便对母猪采取相应的饲养管理措施。学生根据实训的具体情况，填写"早期妊娠诊断结果表"（如表3-2所示）。

表3-2 早期妊娠诊断结果表

圈舍	母猪品种	母猪耳号	外部观察法	超声波诊断法	结果

任务 4　预产期推算

（一）工作场景设计

学校技术扶持的养猪场要判定妊娠母猪的分娩日期,以便提前将其转群并做好接产准备,为此请师生提供帮助。全班学生每 4 人一组,每组选择若干妊娠母猪予以实施。养猪场提供母猪配种记录表。

（二）操作方法

1."三三三法"。该方法即把母猪的妊娠期记为三个月三个星期零三天。例如,一头母猪在 4 月 21 日配种,其妊娠期就是:4 + 3 = 7 月,21 + 21（三个星期）+ 3 = 45 天。因此,该母猪的预产期就是 8 月 15 日。

2."进四去六法"。该方法是指在母猪配种的月份上加四、日期上减六,即为母猪的预产期。例如,一头母猪是 5 月 10 日配种的,其预产期就为 5 + 4 月、10 - 6 天,也就是 9 月 4 日产仔。

"三三三法""进四去六法"也统称为公式法。

3.查表法。"母猪预产期推算表"的上行月份为配种月份,左侧一列为配种日期;下行月份为预产期月份,左侧第 2~12 列的数字为预产日期（见表 3 - 3）。例如,一头母猪 5 月 5 日配种,其预产期查表即为 8 月 27 日。

母猪预产期推算出来后,学生要填写"预产期推算结果表"（如表 3 - 4 所示）。

表 3 - 3　母猪预产期推算表

月	一	二	三	四	五	六	七	八	九	十	十一	十二
日	IV	V	VI	VII	VIII	IX	X	XI	XII	I	II	III
1	25	26	23	24	23	23	23	23	24	23	23	25
2	26	27	24	25	24	24	24	24	25	24	24	26
3	27	28	25	26	25	25	25	25	26	25	25	27
4	28	29	26	27	26	26	26	26	27	26	26	28
5	29	30	27	28	27	27	27	27	28	27	27	29
6	30	31	28	29	28	28	28	28	29	28	28	30
7	1/5	1/6	29	30	29	29	29	29	30	29	1/3	31
8	2	2	30	31	30	30	30	30	31	30	2	1/4
9	3	3	1/7	1/8	31	1/10	31	1/12	1/1	31	3	2
10	4	4	2	2	1/9	2	1/11	2	2	1/2	4	3
11	5	5	3	3	2	3	2	3	3	2	5	4
12	6	6	4	4	3	4	3	4	4	3	6	5

续表

月	一	二	三	四	五	六	七	八	九	十	十一	十二
日	IV	V	VI	VII	VIII	IX	X	XI	XII	I	II	III
13	7	7	5	5	4	5	4	5	5	4	7	6
14	8	8	6	6	5	6	5	6	6	5	8	7
15	9	9	7	7	6	7	6	7	7	6	9	8
16	10	10	8	8	7	8	7	8	8	7	10	9
17	11	11	9	9	8	9	8	9	9	8	11	10
18	12	12	10	10	9	10	9	10	10	9	12	11
19	13	13	11	11	10	11	10	11	11	10	13	12
20	14	14	12	12	11	12	11	12	12	11	14	13
21	15	15	13	13	12	13	12	13	13	12	15	14
22	16	16	14	14	13	14	13	14	14	13	16	15
23	17	17	15	15	14	15	14	15	15	14	17	16
24	18	18	16	16	15	16	15	16	16	15	18	17
25	19	19	17	17	16	17	16	17	17	16	19	18
26	20	20	18	18	17	18	17	18	18	17	20	19
27	21	21	19	19	18	19	18	19	19	18	21	20
28	22	22	20	20	19	20	19	20	20	19	22	21
29	23	—	21	21	20	21	20	21	21	20	23	22
30	24	—	22	22	21	22	21	22	22	21	24	23
31	25	—	23	—	22	—	22	23	—	22	—	24

注:参见李立山、张周的《养猪与猪病防治》,中国农业出版社 2006 年版

表 3-4　预产期推算结果表

栋栏号	品种	耳号	配种日期	方法		预产期
				公式法	查表法	

【知识链接】

一、待配母猪的饲养

　　猪是多胎高产、繁殖潜力很大的动物,母猪每次发情平均能排卵 20 个左右。但在生产实践中,饲养管理不当等原因,会导致部分卵子不能受精或受精后中途死亡,以至于一般只有 65% ~75%(13 ~15 个)的卵子才能够受精并正常发育。因此,如果想提高母猪的繁殖潜力,就要掌握好待配母猪的发情、配种、妊娠等各技术环节。

　　待配母猪(空怀母猪)包括经产母猪和后备母猪,是指没有配种或配种未孕的母猪。饲养管理待

配母猪的目标是缩短断奶母猪或未孕母猪的空怀时间,积极采取措施组织配种;促使后备母猪早发情、多排卵、早配种。猪群繁殖力是养猪生产水平高低以及是否能获得较高经济效益的核心。为此,提高母猪群年生产力,要求仔细研究母猪的繁殖过程,挖掘其繁殖潜力。

(一)母猪繁殖力

在现代化养猪生产中,母猪繁殖力水平的高低,直接关系着猪场的经济效益。繁殖的核心是母猪能正常发情、排卵并与优良种公猪配种,以及受胎和顺利妊娠、分娩。同时,母猪有良好的哺育能力,能获得数量多、断奶体重大的仔猪,是猪场提高生产效率、降低生产成本的重要条件。遗传性因素和饲养管理的好坏决定了母猪排卵数和产仔数的多少。

养猪生产者必须注意,母猪繁殖力的高低和仔猪保育期成活率的高低还直接关系着商品猪的出栏率,而商品猪养得好坏,又直接关系着生产成本与经济效益。

(二)待配母猪的饲养

配种前合理的饲养管理对后备母猪和经产母猪十分重要。由于后备母猪自身仍在生长发育阶段,经产母猪又常年处于生产状态,因此为保持待配母猪适度的膘情,应供给其全价的营养物质。母猪太瘦或太肥都会影响其发情、排卵和受精,并易造成母猪空怀。

1. 供给营养全面的饲料

供给空怀母猪营养全面的饲料特别是蛋白质饲料,十分重要,同时还要满足母猪对各种维生素和矿物质的需求。若饲料营养不全,蛋白质供应量不足,则卵子的正常发育会受到影响,并会减少排卵量、降低受胎率。一般情况下,蛋白质饲料(要有一定数量的动物蛋白质)在每千克日粮中,应占12%。供给足够的钙、维生素 A 和维生素 D,能使母猪保持合适的膘情和旺盛的精力。饲料中钙、磷比例失调,会造成母猪不易受胎,产仔数也会减少。体重 110 kg 以上母猪的日粮中应供给 15 g 钙、10~12 g 磷和 15 g 食盐。维生素 A、D、E 缺乏,会使受精卵不易着床甚至造成不孕,也会延迟哺乳母猪断奶后的发情。其中,缺乏维生素 D,会影响钙、磷的吸收,从而加重上述不良后果;缺乏维生素 E则会造成不育。待配母猪每千克日粮供给中,维生素 A 的含量应为 4 000 IU,维生素 D 为 280 IU,维生素 E 为 11 mg。

青饲料和多汁饲料富含维生素和矿物质,对排卵的数量和质量,以及排卵的一致性和受精都有很好的影响。因此,待配母猪的日粮中要加入大量这些饲料。有条件的情况下,为每头母猪每天饲喂精饲料的同时,搭配青饲料 5~10 kg 或多汁饲料 4~5 kg,会有良好的饲养效果。

2. 日粮中能量水平适宜

日粮中能量水平过高或过低会导致母猪过肥或过瘦,而这都会造成母猪不发情或排卵少,以致发生空怀或分娩时出现死胎等现象,所以要根据母猪的体况采取合适的能量饲喂水平。后备母猪和体况较差的空怀母猪在配种前,要对其进行"短期优饲",即为增加母猪排卵的数量和提高卵子的质量,于配种前 10~15 d 为其供给高能量水平的饲料。日粮中配种前短期(20 d 以内)能量水平的高低对排卵的影响见表 3-5。

表 3 – 5　配种前短期能量水平的高低对排卵的影响

配前日数	测定次数	低水平排卵数	高水平排卵数	排卵增加数
0 ~ 1	6	15.00	16.90	1.90
2 ~ 7	6	12.00	12.90	0.90
8 ~ 10	8	12.56	14.14	1.58
11 ~ 14	14	10.39	12.62	2.23
17 ~ 20	5	15.60	12.26	0.66

注:参见赵书广的《中国养猪大成》,中国农业出版社 2000 年版

由此可见,对后备母猪和体况较差的空怀母猪于配种前实施"短期优饲",可增加排卵数;对经产母猪虽没有明显的效果,但也可以提高卵子的质量,从而有利于受胎。

在正常的哺乳期饲养管理条件下,断奶母猪应有 7 ~ 8 成膘,并且 7 ~ 10 d 以后即可再发情、配种,进入下一个繁殖周期。

由于有的母猪特别是早期断奶的母猪,断奶前还能分泌乳汁,因此为防止其得乳腺炎,在断奶前后各 3 d,可为其增加一些青粗饲料充饥,减少精饲料喂量,以使其尽快干乳。为使干乳后的断奶母猪迅速恢复体况,可供给其与妊娠后期相同营养水平的日粮,特别要增喂动物性饲料和优质青饲料。这样更能促进空怀母猪发情、排卵,从而为提高产仔数和受胎率打下良好的基础。

有些哺乳母猪特别是那些哺乳力高的母猪,在泌乳期间营养消耗过多,断奶前已经相当消瘦且泌乳量少,一般不会发生乳腺炎。因此,断奶前后可以不为其减料或少减料;干乳后为使其尽快恢复体况,要适当增加营养和饲喂量,以使其快速进入下一次发情、配种。

为使断奶后肥胖的母猪膘情快速恢复正常,断奶前后都要为其增加青粗饲料,并减少配合饲料的饲喂量,同时加强运动,以使其快速进入下一次发情、配种。

二、待配母猪的管理

(一)运动

自然光照、运动和新鲜空气也会影响母猪的发情和排卵,因此在配种前,待配母猪的舍外活动时间应增加。猪舍内要经常保持清洁,寒冷季节要提高环境温度或在产床上铺垫取暖板。为保持猪舍内的清洁干燥,应训练母猪到指定地点排泄粪尿。

(二)称重

经常对母猪进行称重,便于调整其饲喂量。例如,加强瘦弱母猪的营养,改变体重超标母猪的日粮组成等。母猪群养时,要特别认真地观察其发情,以免漏配。

(三)加强环境管理

舒适的圈舍环境和耐心的调教与护理,对提高母猪的生产有十分重要的意义。低温时,待配母猪会增加饲料采食量,并增加能量消耗;高温时,母猪的食欲会降低。因此,只有夏季注意防暑降温,冬季注意防寒保暖,才能提高母猪的生产效率。一般待配母猪适宜的温度为 15 ~ 18 ℃,相对湿度为

65%~75%。

（四）防疫

预防和扑灭猪的传染病是一项十分重要的工作，必须加强领导、发动群众，把病原体消灭在猪体外，以提高猪的健康水平，增强其抵抗能力。为加强饲养管理，应建立健全卫生防疫制度。具体内容包括：新引进的外来猪只必须在隔离舍中饲养1~2个月，经检查无病后，才可进行合群饲养；及时隔离病猪并处理好病猪的尸体；圈舍要勤打扫，定期消毒；按免疫程序和驱虫程序，做好防疫注射及驱虫、灭虱工作。猪场只有建立了稳定的工作日程，才能便于各项管理工作的进行，才能提高生产效率。工作日程的安排要从实际出发，并且必须根据各个猪场具体的条件来因地制宜地确定。

（五）保证待配母猪正常发情和排卵

1. 保证适宜的繁殖体况。具有适宜繁殖体况的母猪一般都能正常发情、排卵和受孕。通常情况下，母猪适宜的繁殖体况应为7~8成膘。母猪过肥（出现"夹裆肉"或"下颏肉"）往往发情不正常，排卵少且不规律，不易受孕；即使受孕，产仔也少且弱仔多。当然，如果母猪过瘦（6成膘以下），则也难正常发情和受孕，甚至不得不过早被淘汰，以致缩短了许多高产母猪的利用年限。这种情况大多发生在断乳母猪身上，原因是忽视了对哺乳母猪的饲养或对哺乳母猪实行了"掠夺式"利用。

2. 短期优饲（催情补饲）。短期优饲（催情补饲）是指在母猪配种准备期（后备母猪配种前2~3周、经产母猪配种前7~10 d）对其进行加强饲养。短期优饲可增加排卵数2个左右，从而可增加产仔数，对较瘦的母猪效果更好。其具体做法是在原饲喂量的基础上每日增喂精料1~2 kg，配种后立即降回原来水平，待确认妊娠后再按妊娠母猪的要求进行饲养。

（六）促进发情、排卵的措施

为使母猪的发情、配种相对集中，或者促使不发情的母猪发情、排卵，可采取一些措施诱导母猪发情或催情促排卵。具体方法有五种。

1. 公猪诱情

每天将诱情公猪放入母猪栏1~2次，每次15~20 min；或者将公猪与母猪隔栏饲养，使其相互间能闻到气味。这样公猪的求偶声、气味、鼻的触弄以及追逐爬跨等刺激，能够引起待配母猪脑下垂体前叶促卵泡素的分泌，从而促使母猪发情、排卵。此外，连日播放公猪求偶声的录音，也有催情效果。

2. 药物催情

用于催情的激素有孕马血清促性腺激素（PMSG）、人绒毛膜促性腺激素（HCG）和合成雌激素等。给母猪每次皮下注射孕马血清促性腺激素5 ml，一般4~5 d后母猪即可发情；给母猪注射氯前列烯醇2 ml，48 h后再注射孕马血清促性腺激素1 500 IU或人绒毛膜促性腺激素1 000 IU，可促使母猪发情。此外，有些中草药方剂也有催情作用。

3. 按摩乳房

按摩乳房可以促使不发情母猪发情，按摩包括表层按摩和深层按摩。表层按摩能促使卵泡成熟，促进发情；深层按摩能促使脑垂体分泌黄体生成素，促进排卵。具体按摩方法：早饲后，用手掌对每个乳房进行表层按摩，共10 min左右；几天后，待母猪有了发情征兆，再对乳房进行表层和深层按摩，各按摩 5 min;配种当天再深层按摩 10 min。

4. 并窝

待窝产仔少或泌乳力差的母猪所生的仔猪吃完初乳后,将这些仔猪让其他正常的母猪哺育,就可以空出不带仔猪的母猪,从而可以让其提前发情。

5. 合群并圈

把不发情的空怀母猪和发情母猪并到同一个圈内饲养,可以通过彼此爬跨等刺激,促使不发情的空怀母猪发情、排卵。

此外,要及时淘汰那些繁殖力低下的老龄母猪和生殖器官有病又不易医治的母猪,补充优秀的后备母猪。

(七)配种

1. 自然配种

自然配种包括单次配种、双重配种、重复配种和多次配种。

(1)单次配种。单次配种是指在一个发情期内,一头母猪用一头公猪配种一次。其优点是使用的公猪数少,缺点是受胎率和窝产仔数略低。

(2)重复配种。重复配种即在一个发情期内,一头母猪与同一头公猪先后配种两次,间隔时间为 8～12 h。其优点是在最佳受精期内,可以确保输卵管内有足够的获能精子数,因此能够保证受胎率和窝产仔数。大多数猪场对经产母猪都采用这种配种方式,尤其育种猪群更是多采用此法,因为这样既可以增加产仔数,血缘关系又清楚。

(3)双重配种。双重配种即在一个发情期的一次配种中,一头母猪分别与两头公猪交配,间隔时间为 15～20 min。其优点是增加了卵子对不同遗传背景精子的选择和受精的机会,因此有助于提高受精率;缺点是公猪数量的增加,导致了仔猪的父本不能确定,并且不能登记系谱,因此不适用于种猪场和育种场,免得造成血统混乱。

(4)多次配种。多次配种是指在一个发情期中,一头母猪每隔 12～18 h 就进行一次配种,直到母猪不再有静立反应现象为止。其优点是有助于提高受胎率;缺点是工作量大,需要的公猪数量也多。多次配种适合于初产母猪或刚引进的国外品种母猪。

本交配种的时间应安排在饲喂前 1 h 或饲喂后 2 h,并避免饱腹时配种,以及在配种的同时饲喂附近的猪。若公、母猪的体重差异较大,则应设配种架。待公猪爬跨母猪后,配种人员把母猪的尾巴拉向一侧,再辅助把公猪的阴茎插入母猪的阴道,以加快配种进程,并防止公猪的阴茎受到损伤。

2. 人工授精

人工采集的公猪精液经过品质检查和处理,再输送到母猪的阴道内,使母猪受精的配种技术即为人工授精。

人工授精技术可以提高公猪配种率,能给养猪生产和育种工作带来很好的效益。一头优秀的种公猪每年可以配种 2 000～3 000 头母猪。其优点是可以提高良种公猪利用率,加速品种改良的进程;可以少养公猪,节省饲养管理费用;可以克服自然交配的困难(公、母猪体格相差太大或某些母猪阴道异常等导致的),同时可减少疾病接触传染的概率。但是,人工授精对种公猪的选择和要求更加严格,操作技术也应更加严密,否则将带来重大损失。我国有关猪的人工授精始于 20 世纪 50 年代末、60 年代初。当时的采精用假阴道法并使用鲜精,而且人工授精主要在南方使用,北方较少。到了20世纪70年代,关于猪的人工授精的研究和应用进入了高潮。

(1)采精。采精是提高采精量和精液品质的关键技术,是人工授精的重要环节。采精前要对种公猪进行采精训练。调教公猪在假台猪上采精是一件比较困难而又细致的工作(有关技术在项目二中已做了详细描述,此处不再赘述)。

理想的采精方法应达到以下效果:可操作性强,公猪一次射出的精液能被全部收集;精液的品质不受影响;公猪的生殖器官和机能没有受到损伤。目前,生产上常用的采精方法有手握法和假阴道法。

①手握法。这是目前被广泛使用的一种采精方法。其优点是设备简单,操作方便;缺点是精液易受污染也易受冷刺激。手握法采精的具体操作:采精人员左手戴上外科乳胶手套(已消毒),站在假台猪左侧,待公猪爬跨假台猪后,洗净公猪的包皮及其附近并消毒(用1%高锰酸钾溶液),然后用生理盐水冲洗;左手手心向下握成空拳,待公猪的阴茎伸出时,将其导入空拳内,并紧紧握住阴茎头部(要做到既不滑脱,又不握得过紧),使龟头外露约2 cm,不让其来回抽动;手指由松到紧有节奏地摩擦龟头并压迫阴茎,以激发公猪的性欲。公猪的阴茎向外伸展开时,即开始射精。射精时,拳心要有节奏地收缩,并用小拇指刺激阴茎,以使公猪充分射精。

注意:若握得过紧,则副性腺分泌物较多,精子就少,进而影响配种;若握得过松,则阴茎易滑出拳心而随意乱动,易致其擦伤流血,进而影响采精。采精人员右手持带有过滤纱布并保温的采精杯收集精液。公猪的射精过程可分为三个阶段。第一阶段:射出少量白色胶状液体,不含精子,不予收集;第二阶段:射出的精液呈乳白色,精子浓度高,予以收集;第三阶段:射出的精液比较稀薄,所含精子较少。射精时间约为5~7 min。公猪第一次射精停止后,采精人员可重复前述操作让其进行第二次和第三次射精,直至射完。

②假阴道法。这是诱导公猪在仿母猪阴道条件的人工假阴道中射精以采集公猪精液的方法。假阴道种类繁多,各有特点,但随着手握法采精的广泛使用,假阴道的结构已趋于简化。假阴道是一筒状结构,主要由外壳、内胎、集精杯及附件组成,长度为35~38 cm,内径为7~8 cm。其原理是模拟母猪的阴道,包括适宜的温度、压力和滑润等三要素,其中压力是主要的。用假阴道采精最简单的方法是,将假阴道安放在可调节假阴道的假台猪后躯内,让公猪爬跨假台猪并在假阴道内射精。另一种方法是,采精人员紧靠在假台猪臀部右侧,手握假阴道,当公猪爬跨假台猪时,保持假阴道与公猪阴茎的伸出方向成一条直线,然后迅速将阴茎导入假阴道内,让阴茎抽动而射精;射精时,将假阴道由集精杯一端向下倾斜,以使精液流入其内。公猪射精结束后会从假台猪上滑下,假阴道随阴茎后移同时将内部空气排出,然后阴茎自行软缩而退出假阴道。

注意:公猪阴茎的龟头只有被假阴道所夹,公猪才能安静;假阴道内要有压力,通过双连球有节奏地调节压力,可增加公猪的快感;公猪的射精时间长达5~7 min,因此为防止精液倒流,要调节假阴道的角度。

(2)精液品质检查。公猪精液品质的好坏直接影响着母猪的繁殖力,对养猪生产具有重要意义。公猪精液品质的优劣可以作为精液稀释、保存、利用和运输的依据。定期检查精液品质,确定精液的配种能力,也是衡量公猪饲养水平、判定公猪生殖器官机能和采精操作技术质量的依据。评定精液品质的方法主要有显微镜检查法、外观检查法、生物化学检查法和精子生活力值检查法四种。在实际应用上又分常规检查,检查内容包括射精量、精液气味与色泽、精子活力与密度等;定期检查,检查内容包括死活精子数、精子形态、精子存活时间与指数等。其中,同受精力相关度大的指标有精子活力、密度、形态、存活时间,以及精液 pH 值和精子耗氧量等。

精子和卵子是在输卵管上端结合的。受胎与产仔多少的关键是公、母猪的交配时间或输精时间是否适当。母猪发情、排卵的规律和精子、卵子在母猪阴道内的存活时间决定了配种的适宜时间。

精子在母猪阴道内要经过 2~3 h 才能游到输卵管,精子在母猪阴道内一般可存活 10~20 h。母猪一般在发情开始后 24~36 h 排卵,排卵持续时间为 10~15 h。卵子在输卵管中于 8~12 h 内有受精能力。据此推算,母猪排卵前的 2~3 h 即发情后的 20~30 h,是配种的适宜时间。若配种过早,则卵子排出时,精子已失去授精能力;若配种过迟,则精子进入母猪阴道内时,卵子也会失去受精能力。

在生产实践中,由于掌握配种时机有些困难,因此为达到满意的受胎率,母猪在一个情期内一般需要进行本交或人工授精配种两次。

3. 配种制度

根据猪场的生产条件、生产水平和市场需求,母猪的配种制度可分为常年均衡配种和季节性配种。

(1)常年均衡配种。在这种配种制度下,猪场常年有计划地均衡进行母猪配种,因此圈舍及设备能够得到充分利用,种公猪也能得到合理使用,并能常年均衡地向市场提供种猪、仔猪和商品肉猪。但是,常年配种、均衡生产需要猪场有一定的生产规模,若规模过小,就达不到降低成本的目的。

(2)季节性配种。该配种方式可以减少猪场在保温、防暑方面的投资,并且有利于仔猪的生长发育,但由于这种间歇性配种会导致种公猪的使用不合理,以及圈舍、设备在非配种季节闲置而没有被充分利用,所以一般适合北方生产规模较小的猪场采用。

三、妊娠母猪的饲养

从精子与卵子结合,到胚胎着床、胚胎发育直至分娩,对母猪来说,这一时期称为妊娠期;对新形成的生命个体来说,称为胚胎期。妊娠期约占母猪整个繁殖周期的2/3。妊娠母猪饲养管理的任务是保证胚胎和胎儿在母体内的正常发育,防止胚胎早死、流产和死胎的发生,保证每胎都能有较多健壮、生命力强、初生重大的仔猪出生,保持母猪有良好的体况。

(一)胚胎与胎儿的生长发育

猪的受精卵只有 0.4 mg 重,而仔猪的初生重为 1.3 kg,可见胚胎的生长发育强度很大。通过进一步分析可以发现,在胚胎期的前2/3 时期,胚胎质量的增加很缓慢,只达到约1/3 的初生重;在胚胎期的后1/3 时期,胚胎质量的增加很迅速,约占初生重的2/3(见表 3-6)。由此可见,妊娠后期母猪营养物质的摄入量是影响仔猪初生重的关键。

卵子受精后即靠吸取子宫乳获得营养,到了第 11~13 d,受精卵附植嵌入子宫内壁;第 18~24 d,胎盘形成。到了第 30 d,胚胎重约为 2 g,此后迅速增加。怀孕 80 d 时,每个胎儿的质量约为 400 g,约占初生重的29%。如果仔猪的初生重按 1 400 g 计算,那么在怀孕 80 d 以后的短短 34 d 里,每个胎儿的增重约为 1 000 g,约占初生重的71%,约为前 80 d 每个胎儿总质量的 2.5 倍。

表3-6　不同胎龄的胚胎重及其占初生重的比例

胎龄(d)	30	40	50	60	70	80	90	100	110	出生
胎重(g)	2	13	40	111	263	400	550	1 060	1 150	1 300~1 500
占初生重(%)	0.15	0.90	3.00	8.00	19.00	29.00	39.00	76.00	82.00	100.00

注:参见王熙福、曾昭光的《猪饲养管理与疾病防治技术》,中国农业大学出版社2003年版

在不同阶段胎儿的化学成分变化中,能量、蛋白质和灰分均呈曲线增长。例如,临产胎儿与42日龄的胎儿相比,干物质增长了2.1倍,粗蛋白质增长了1.6倍,脂肪增长了1.9倍,灰分增长了2.8倍,钙增长了6.2倍,磷增长了3.8倍,铁增长了13倍(见表3-7)。

表3-7　不同胎龄胎儿的化学成分

胎龄(d)	每胎重(g)	干物质(%)	粗蛋白质(%)	粗脂肪(%)	灰分(%)	钙(%)	磷(%)	铁(%)
42	15.7	8.15	6.38	0.52	1.23	0.150	0.142	0.002 4
77	388.00	10.35	7.38	0.64	2.25	0.540	0.292	0.003 8
112	1 302.00	17.05	10.00	0.95	3.42	0.950	0.545	0.031 0

注:参见杨公社的《猪生产学》,中国农业出版社2002年版

胎衣从生命早期就起着决定性作用,它包围着胎儿。母体与胎儿间通过胎衣进行营养的交换和代谢物质的排出。胎衣也是营养物质临时贮存的地方。到妊娠第70 d时,胎衣达到其最大质量,约为2.5 kg,其后维持不变。

羊水和浆膜也包围着胎儿,到妊娠第70 d时达到其最大质量,约为6 kg,其后到分娩前逐渐降低。胎液除有保护胎儿的生理作用外,也充当矿物质和胎儿代谢的废物(如尿和肌酐)的贮存处。

卵子在输卵管的壶腹部受精。受精卵在输卵管内呈游离状态,依赖输卵管上皮层纤毛细胞所形成的纤毛朝向子宫方向的颤动,以及输卵管的分节收缩不断地向子宫移动。受精卵从输卵管的壶腹部到达子宫角需24~48 h,并在到达子宫后,通过黄体酮的作用附植在子宫系膜的对侧上,同时在周围形成胎盘。

母猪每胎产的活仔猪数大致在10头左右,但母猪每次排卵却在20枚左右,而卵子的受精率又达95%以上,因此该现象说明,在胚胎发育过程中有一半的受精卵会死亡。受精卵与子宫在受精卵形成的第13 d开始接触,到第21 d左右完成植入。因此,胚胎到达子宫角并附植在胎盘上大约需要13~24 d。胚胎死亡的高峰期有三个。第一个高峰期在第9~13 d。受精卵附植初期,胚胎发育所需的生化因素易受雌激素和黄体酮之间配合作用等的影响,从而导致胚胎死亡。此外,饲粮中能量过高、外界的机械刺激、饲粮品质(冰冻或发霉变质等)、连续高温致母猪遭受热应激和子宫感染等,也都会导致胚胎死亡。这一阶段的胚胎死亡率约占胚胎总数的20%~25%。第二个高峰期在妊娠后约第3周。该阶段是胚胎器官的形成时期,胚胎争夺胎盘分泌的营养物质,在竞争中强者存、弱者亡。这一阶段的胚胎死亡率约占胚胎总数的10%~15%。第三个高峰期在妊娠至第60~70 d。其间,胎儿加速发育。但是,如果不能提供充足的营养,或者粗暴地对待母猪(鞭打、追赶等)以及母猪间相互拥挤、咬架等,那么都能通过神经刺激而干扰子宫的血液循环,从而减少对胚胎的营养供应,以至于增加胚

胎死亡率。另外,妊娠后期和临产前的胚胎死亡率亦占到胚胎总数的5%~10%。因此,母猪所排出的卵子,大约只有一半能发育为活产仔猪。

（二）胚胎死亡的原因

1. 遗传因素

（1）染色体畸变。猪染色体的畸变与胚胎死亡之间的关系十分密切。在生产实践中,对窝产仔少的公猪和母猪进行细胞遗传学分析,可以淘汰染色体畸形的个体。

（2）排卵数与子宫内环境。猪的排卵数和胚胎成活率主要受遗传因素控制,表现为胚胎成活率与子宫长度之间有着高度的正相关。同时,胚胎成活率也受到子宫营养供给状况的影响。为胚泡发育附植提供良好的子宫内环境,是保证胚胎能够更多存活的重要因素。

（3）近亲繁殖。过度近亲繁殖会使一些致死隐性基因获得纯合表现的机会,以致引起死胎,增加胚胎死亡率。

2. 营养因素

（1）微量营养成分。妊娠母猪不可缺少的微量营养成分包括维生素 A、维生素 D、维生素 E、维生素 C、维生素 B_2 和叶酸,以及矿物质中的钙、磷、铁和硒等。其中,维生素 A 可提高窝产仔数,维生素 E 可提高胚胎成活率和初生仔猪的抗应激能力。这些维生素在母猪妊娠前期的4~6周及分娩前4~6周,作用效果更明显。矿物质缺乏时,死胎率会增加。

（2）能量水平。在母猪妊娠早期,饲喂的能量水平过高,会使猪体过肥（子宫周围、腹膜和皮下等处脂肪沉积过多）,从而导致子宫壁血液循环障碍,以致引起胚胎死亡,降低胚胎成活率。

3. 管理和环境因素

（1）温度。母猪在妊娠早期对高温的耐受力较弱,若置身于32 ℃的高温环境下较长时间,则通过血液调节已不能维持自身的热平衡,从而产生热应激,以致明显增加胚胎死亡率。同时,高温还能导致母猪子宫内环境中许多不良改变的发生,致使胚胎附植受阻、成活率明显降低,死胎、畸形胎增多以及产仔数减少。此外,公猪对高温也非常敏感。高温可降低睾丸组织中精母细胞的活力,从而使精子数明显减少,死精和畸形精子数增多以及精子活力下降。此时配种,母猪受胎率和胚胎成活率就会显著降低。高温对胚胎死亡率的影响见表3-8。

表3-8 高温对胚胎死亡率的影响

配种后(d)	环境温度(℃)	胚胎死亡率(%)
1~13	暴晒2 h	30%~40%
25	32	活胚减少3个
25	32~39	胚胎死亡严重

注:参见王林云的《现代中国养猪》,金盾出版社2007年版

（2）仔猪缺氧窒息。研究结果表明,70%~90%的仔猪死胎是在分娩时死亡的,并且主要是分娩过程过长引起子宫内缺氧导致的仔猪窒息死亡。其主要原因可能是部分胎盘脱离子宫,或者位于子宫前端的胎儿由于产程过长,导致脐带因拉伸而过早断裂等。

4. 疾病

可能导致胚胎死亡的疾病主要有猪瘟、细小病毒病、繁殖与呼吸综合征、伪狂犬病和肠病毒病等。

5. 其他因素

公猪精液的品质、母猪的年龄以及公、母猪交配或输精是否及时等因素，也会影响卵子的受精率和胚胎成活率。

尽管自然发生的具有致死遗传性状胚胎的死亡不可避免，但科学的饲养管理，却可以把胚胎死亡所造成的损失减少到最低。因此，为提高胚胎成活率，可采取的措施主要有：夏季在母猪妊娠前3周，保持舍内卫生良好，同时保证舍内凉爽；对配种前公、母猪的生殖道进行消毒，以减少子宫受感染的概率；实行重复配种或双重配种，以提高母猪受胎率；淘汰经常少产或屡配不孕的母猪，以及精液品质差的种公猪。

（三）妊娠母猪的饲养方式

母猪体重的增加量在整个妊娠期间应以控制在 35 ~ 45 kg 为宜，其中前期增加一半，后期一半。青年母猪第一个妊娠期的增重可达 45 kg 左右；第二个妊娠期的增重为 40 kg 左右；第三个妊娠期以后，增重以 30 ~ 35 kg 为宜，背膘厚度以增加 2 ~ 4 mm 为宜，临产时 P_2 一般以达到 20 ~ 24 mm 为宜。妊娠母猪过肥，易出现难产或产后食欲降低的现象。研究结果表明，如果妊娠母猪的采食量提高 1 倍，则泌乳期间其采食量会下降 20% 左右，以至于造成哺乳母猪体重下降过多。妊娠母猪过瘦，会造成胎儿过小或母猪产后无乳，以致影响断奶后母猪的再次发情、配种。因此，合理控制母猪在妊娠期间的体重增加量，适当对其进行限饲，有利于母猪的繁殖。

根据妊娠母猪生长发育的特点，目前的饲养方式有三种。

1. 抓两头、带中间

断乳后体质瘦弱的经产母猪适用于此种饲养方式。母猪经过分娩和一个哺乳期之后，体能消耗非常大，体质瘦弱，必须快速恢复繁殖体况，才能更好地完成下一阶段的繁殖任务。因此，母猪妊娠初期（包括配种前 10 d，共计一个月左右）的饲养水平要提高，饲喂的日粮要优质全价（特别是蛋白质含量要高）；母猪体况恢复后，再按饲养标准对其进行饲喂；妊娠 80 d 后，再提高日粮的营养水平，加强营养的供给。这种饲养方式呈现了"高—低—高"的供给特点。注意：妊娠后期的营养水平要高于前期。

2. 一贯加强（步步登高）

初产母猪自身仍处于生长发育阶段，营养需要量比较大，因此适用于这种饲养方式。在母猪的整个妊娠期间，随着胎儿体重的增长，饲喂日粮的营养水平也要逐步提高，并且到分娩前一个月达到最高峰。但在分娩前 3 ~ 5 d，日粮的饲喂量应减少 10% ~ 20%。

3. 前粗后精

配种前体况良好的经产母猪适用于此种饲养方式。妊娠初期，母猪膘情良好，胎儿也很小，因此其日粮按配种前的营养水平，基本能满足胎儿生长发育的营养需求；妊娠后期，由于胎儿生长发育较快，所以应增加精料量以提高日粮的营养水平。

四、妊娠母猪的管理

(一)合理配制饲粮

应根据妊娠母猪的饲养标准,合理配制饲粮。一般来说,饲粮的能量水平在一定范围内变化对产仔数几无影响,但过高的能量水平特别是妊娠初期过高的能量水平,会导致胚胎死亡率的增加。此外,如果饲粮的能量水平合理,那么蛋白质水平对产仔数的影响也较小,但较低的蛋白质水平会导致仔猪的初生重也较低。

(二)控制饲喂量

妊娠早期的母猪食欲好,消化代谢能力较高,体重增加较快,因此应适当地对其进行限制饲喂。限饲可以提高胚胎成活率,也可以防止母猪过肥,进而可减少母猪因过肥而造成难产,并可降低初生仔猪被压死的概率。

一般来说,给妊娠早期(配种~怀孕80 d)的母猪每天饲喂2~2.5 kg的标准饲粮就可取得较好的繁殖成绩,同时又不至于使母猪过肥;妊娠后期(怀孕80 d~110 d)应适当增加饲喂量,每天要达到2.5~3 kg,以保证胎儿生长发育的需要。在实际生产中,日粮饲喂量还应根据母猪的体重、体况以及环境温度等进行适当的调整,如对于体况较差的母猪,要适当增加饲喂量。此外,必要时可在妊娠后期母猪的饲粮中加入5%~8%的脂肪,以提高饲粮的能量水平,提高母猪的产乳量和乳脂率,从而增加仔猪体内的能量储备,提高仔猪成活率。

评价妊娠母猪限饲方案是否合理的最好方法是称量母猪的体重。控制妊娠母猪饲喂量所要达到的理想目标是,青年母猪在整个妊娠期的体重增加量为35~40 kg,成年母猪为25~30 kg。从体况上看,母猪膘情应在妊娠期结束时达到图3-1所示的3~3.5分的水平。

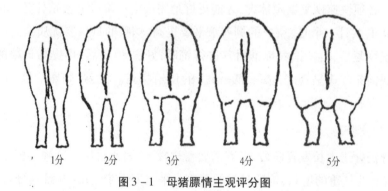

图3-1 母猪膘情主观评分图

那些试图通过提高妊娠母猪的饲喂量而使母猪在分娩前有相应"泌乳储备"的做法是错误的。研究结果表明,母猪妊娠期的饲粮消耗量和哺乳期的采食量之间表现为负相关,即妊娠期的饲粮消耗量增加,哺乳期的采食量则减少。哺乳期的采食量少,母猪的泌乳量就低。因此,对妊娠母猪和哺乳母猪饲喂量的控制应采取"低妊娠、高泌乳"的方式。

控制妊娠母猪的饲喂量可采用个体饲喂和稀释日粮的方法。利用个体限位栏进行个体饲喂,不仅可以控制母猪的饲喂量,还可以防止母猪间的强夺弱食和争斗,从而可减少母猪的损伤以及避免母猪流产。但是,这样也会因运动时间和空间受限而导致母猪肢蹄病的增加,并且繁殖障碍发生率较高。

控制妊娠母猪饲喂量较好的方法是日粮稀释法,即利用优质青饲料或粗饲料代替一部分精料。这样由于饲粮体积增大而母猪的消化道容积又有限,所以即使采用让母猪自由采食的方式,也可达到控制母猪饲喂量的目的。同时,母猪有了饱腹感,会更加安静。另外,这样还有助于降低饲养成本。注意:利用青饲料或粗饲料稀释日粮,要保证青饲料或粗饲料的品质。

(三)供给充足的饮水

母猪充足的饮水要予以保证,在用生干料饲喂的情况下,更应如此。

(四)保证饲料的卫生

严禁给妊娠母猪饲喂发霉变质、冰冻或有强烈刺激性和毒性的饲料,以免造成死胎或流产。要注意保持食槽的清洁卫生,一定要在清除变质的剩料后,才投新料。

(五)单栏饲养

单栏饲养既有利于控制妊娠母猪的饲喂量,又可防止因母猪间争斗而导致的机械性流产。母猪在妊娠早期也可进行合群饲养。合群饲养应按母猪的大小、强弱、体况以及配种时间等进行分群,以免大欺小、强欺弱。母猪在妊娠前期,每个圈栏可养 3~4 头;妊娠中期每圈 2~3 头;临产前 5~7 d,单独转入分娩舍。

(六)适度运动

母猪妊娠一个月后,为增强体质,可以每天自由运动 2~3 h,但大量的运动是没有必要的;妊娠后期应适当减少运动;临产前 5~7 d,要停止运动。

(七)防止机械性流产

严禁鞭打、强制驱赶妊娠母猪或让妊娠母猪跨沟,同时防止妊娠母猪相互咬架和挤撞等刺激,以免造成母猪的机械性流产。

(八)避免高温

高温不仅易造成部分母猪不孕,还易引起胚胎死亡和流产。因此在气候炎热的夏季,做好防暑降温工作,如洒水、搭凉棚、运动场边植树等,十分重要。

【项目测试】

1. 猪人工授精时的注意事项有哪些?
2. 如何使用 B 超对母猪进行妊娠诊断?
3. 若母猪 10 月 3 日配种,请推算其预产期。
4. 如何提高母猪配种率?

项目四 分娩舍生产

【知识目标】

1. 熟悉母猪的分娩过程。

2. 掌握母猪分娩的规律及产前征兆。

3. 掌握接产技术。

4. 熟悉哺乳仔猪消化生理特点,掌握哺乳仔猪开食补料的方法。

5. 掌握泌乳母猪的营养需求。

【技能目标】

1. 能给仔猪正确打耳号。

2. 能有效预防哺乳仔猪下痢。

3. 能正确助产,以及处理难产和假死仔猪的救助等事项。

4. 能正确给仔猪断奶。

5. 能完成分娩母猪的日常饲养管理。

【素质目标】

1. 具有遵守企业规章制度的意识,能按要求完成工作。

2. 具有在生产中发现问题、思考问题及解决问题的能力。

3. 具有热爱职业、喜欢工作对象的情怀。

4. 具有团队协作精神。

5. 具有不断学习的能力。

6. 具有吃苦耐劳的品质。

【项目导入】

哺乳母猪的饲养管理极为重要,是养好哺乳仔猪的保障。根据哺乳母猪的泌乳曲线对哺乳母猪进行合理饲养,并采取相应的措施增加母猪的泌乳量,可以提高仔猪的生长速度,也可保证母猪在断乳后有较好的体况。

哺乳仔猪的培育是养猪生产中的重要环节。仔猪的培育水平既是母猪生产水平的集中反映,也影响着生长肥育猪的生产水平。仔猪培育的任务和目标是获得最高成活率和最大断奶重的个体。

【分娩舍主管岗位职责】

1. 负责分娩舍的日常管理工作,负责编制生产计划以及组织和落实各项生产任务。

2. 负责组织本舍人员严格按《养猪作业指导书》和每周工作日程进行生产。

3. 充分了解本舍猪群的动态、健康状况,发现问题要及时解决或向上级反映。

4. 负责分娩舍饲料、药品、疫苗、物资、工具的使用计划及领取,监控以上物品的使用情况以降低成本。

5. 负责落实好技术中心制定的免疫程序和用药方案,并组织实施养猪公司阶段性和季节性操作方案,包括防暑降温、防寒保暖、疾病处理等;严格按照作业指导书的规程要求及分娩计划,做好接产、母猪产后护理、仔猪护理、病弱猪护理等工作,以提高生产成绩。

6. 定期组织召开班组会议,充分研讨并解决本舍存在的突出的生产、成本控制和繁育等问题。

7. 负责分娩舍报表的收集以及猪联网系统的录入工作。

8. 负责分娩舍母猪的淘汰鉴定工作。

9. 负责组织安排调栏、出苗等工作。

10.负责检查冲洗单元的质量。

11.负责本舍人员的休假及工作安排。

任务1　仔猪接产

（一）工作场景设计

学校技术扶持养殖农户的母猪临近分娩，请师生进行技术指导。全班学生每4人一组，每组选择4~5头待产母猪予以实施。

（二）材料工具准备

所需材料工具：剪刀、台秤、记录表格、保温箱、电热板、红外线灯、应急灯具、医用纱布、注射器、耳号钳、毛巾、肥皂、5%碘酊、3%~5%来苏儿、0.1%高锰酸钾溶液、催产素等。

（三）操作规程

1.当母猪安稳侧卧，阵缩并伴有努责，羊水从阴道内流出时，接产人员要把接产用具和药品准备好，并用0.1%高锰酸钾溶液擦洗母猪的外阴、乳房和后躯进行消毒，做好看护工作，等待接产。

2.仔猪分娩出来后，要用干净毛巾立即擦干净其口腔和鼻腔内的黏液，并迅速擦干仔猪的身体。

3.在距仔猪脐根部4~5 cm处，用指甲将脐带掐断（或用剪子剪断），并用5%碘酊给脐带断处伤口消毒。如果有血液流出，可用线将脐带余下部分系上或用手指捏住片刻，然后再用5%碘酊消毒一次。

4.分娩持续时间一般为1~4 h，仔猪产出的时间间隔约为15 min（也有2头连产的）。全部仔猪产出后10~30 min，胎衣排出。

5.对于假死仔猪，要及时擦干其口腔、鼻腔中的黏液，并进行紧急救助。

6.难产处理。（1）难产判断。若羊水已经排出，并且母猪强烈努责半小时左右后，仔猪仍未产出，或者产仔的时间间隔超过半小时，即可判定为难产。

（2）对于曾经有难产经历的母猪，在临产前1 d，要给其肌肉注射氯前列烯醇。

（3）人工助产。要剪平、磨光指甲，并用0.1%高锰酸钾溶液消毒，再用液状石蜡润滑手臂；然后随着子宫的收缩慢慢将手臂伸入母猪阴道，抓住仔猪下颌部或后腿，再慢慢随着母猪努责拉出仔猪。为防止子宫炎、阴道炎的发生，产后要为母猪冲洗子宫2~3次，同时肌肉注射抗生素3 d。

（4）要在难产母猪的档案卡上注明难产原因，以便及时淘汰产道损伤严重的母猪。

7.母猪乳房泌出的头几滴初乳应挤出弃掉，以防止初生仔猪食入后引起腹泻。如果本地区猪瘟流行，则应对初生仔猪实行超前免疫，即在仔猪吃初乳前进行免疫接种。免疫接种2 h后，仔猪再吃初乳。

8.全窝仔猪全部产完后，要做好仔猪的称重和剪牙工作。

9.接产结束后，要将分娩舍打扫干净。

任务 2　初生仔猪护理

（一）工作场景设计

学校技术扶持的养殖农户待母猪分娩后,请师生就初生仔猪的护理进行技术指导。全班学生每 4 人一组,每组选择一窝初生仔猪实施指导。教师提供帮助。

（二）操作方法

1.早吃初乳

仔猪出生后,若需进行超前免疫,则应在免疫接种 2 h 后马上吃初乳,否则应该立即吃初乳。

2.固定乳头

固定奶头是提高仔猪成活率的重要措施,要根据仔猪体重大小或体质强弱进行乳头的固定,经过 2 d 左右就可以固定。

3.温度控制

仔猪出生后的第一周,舍内温度要保持在 32～34 ℃,随着仔猪体重和日龄的增加,每周降温 2 ℃。保温的设备主要有保温箱、电热板等。如果温度适宜,仔猪就会睡得舒适,均匀地平躺在护仔箱中;如果温度偏高,就会四散分开;如果温度偏低,则会拥挤在一起。

4.补铁、补硒

仔猪出生后的第一天,要为其肌肉注射 0.5 mg 亚硒酸钠维生素 E;出生后 3 d 内,注射 150～200 mg 铁钴合剂。

5.寄养、并窝

若母猪所产仔猪头数超过母猪的有效乳头数,或者母猪分娩后发病、死亡、缺奶,则应对初生仔猪进行寄养或并窝,以提高仔猪的成活率。寄养母猪产期最好不超过 3 d,并且性情温顺,泌乳量高;寄养仔猪在寄养前要吃足初乳。由于猪的嗅觉很灵敏,所以要用寄养母猪的尿液和奶水涂抹寄养仔猪的全身,以干扰母猪的嗅觉。寄养最好安排在夜间进行,并注意做好看护工作。

6.防压死

仔猪出生一周内,饲养员要认真对其进行看护,同时分娩栏要加装防压栏。

7.仔猪编号

仔猪出生后 2～7 d 内,要对其进行编号。

8.仔猪出生后的其他处理

（1）剪牙。仔猪出生后,要将仔猪的胎齿(8 个)在齿龈处全部剪断。剪牙前,要对剪刀或偏嘴钳子进行严格消毒。

（2）断尾。仔猪生后一周内,要将其尾巴断掉,即距尾根 2 cm 处将尾巴剪断,然后用 3%～5% 碘酊消毒。病弱仔猪的断尾要推迟 1～2 d 进行。

（3）去势。仔猪出生后一周内，要将不留作种用的雄性仔猪去势。去势的具体方法：将仔猪两后腿在贴近腿根的地方紧紧握住，同时用碘酊对仔猪阴囊进行消毒；然后，用消过毒的手术刀分别沿竖向切开两个阴囊，将睾丸顺势挤出并割断精索；最后再为切口消毒。

任务3　仔猪开食补料

（一）工作场景设计

学校技术扶持的养殖农户待母猪分娩后，请师生给予技术支持。全班学生每4人一组，每组选择一窝初生仔猪予以实施。教师提供指导。

（二）操作方法

开食补料在仔猪出生后5~7 d开始实施。

1. 开食

（1）强制法。该方法即先投放30~50 g仔猪开食料于仔猪饲槽或喂饲器中，再将开食料慢慢地塞到仔猪嘴里。每天训练4~6次（集中训练1~2头仔猪）。经过3 d左右的训练，仔猪便能学会采食饲料，其他仔猪则会效仿。在生产上，开食补料前2~3 d，一般要固定抚摸、抓挠1~2头仔猪，每天4~6次，每次5 min左右；到开食当天，要一边抚摸，抓挠，一边向仔猪嘴里塞料。这种训练也进行3 d左右。

（2）诱导法。这种方法是在饲槽上放一些鹅卵石或圆球，上面附糊状料或粉料。仔猪在滚动玩耍它们时，无意中会吃到鹅卵石或圆球上所附的料，从而能引起仔猪的兴趣，达到引诱仔猪吃料的目的。注意：饲槽不能摆放在仔猪很少去的地方。

2. 补料

仔猪从开食到正式吃料一般需要10 d左右。因此，随着仔猪采食饲料量的增加，应设置自动饲槽，以保证仔猪能够随时吃到饲料，促进仔猪的快速生长。注意：开始训练补料时，要少喂、勤添开食料，并保证饲料的干净卫生，同时丢弃被污染的饲料。

任务4　仔猪去势

（一）工作场景设计

学校技术扶持的养殖农户待母猪分娩后，要将哺乳仔猪中不留作种用的小公猪去势，作为肉猪饲养，为此请师生给予技术支持。全班学生每4人一组，每组选择4头仔猪予以实施。教师提供指导。

（二）工具材料准备

所需工具材料：外科手术刀或劁猪刀、手术剪（剪毛剪和组织直剪、弯剪）、止血钳、持针钳、缝合针、缝合线、镊子、5%碘酊、酒精棉球、止血纱布、0.1%新洁尔灭、0.1%高锰酸钾溶液、装甲注射器和针头、肥皂、洗手盆、电热恒温消毒器等。

（三）操作步骤

1.准备。仔猪术前必须禁食12 h。

2.手术器械及实施手术者的手臂必须彻底消毒，做到无菌操作。

3.保定。右手握住仔猪的右后肢将其提起，同时左手握住其右侧膝前皱襞并向左摆动仔猪头部，使其左侧卧于地上；左脚踩住仔猪耳后颈部，右脚踩住尾根部；左腕按压仔猪右后肢跗关节处，使该肢向前紧贴腹部，暴露出阴囊。

4.手术。（1）用消毒液清洗阴囊，然后涂上5%碘酊。

（2）左手中指微屈向前顶住睾丸，同时用拇指和食指把睾丸推向阴囊底部，使阴囊皮肤紧张。

（3）右手持刀在睾丸突出部沿阴囊缝平行方向切开皮肤和总鞘膜，并挤出睾丸；右手抓住睾丸，以左手拇指和食指捏住阴囊韧带与总鞘膜的连接部，然后撕断阴囊韧带；将总鞘膜和阴囊皮肤向腹侧推移，暴露出精索。

（4）左手距睾丸1~2 cm捏住精索并固定，右手捏住睾丸或将食指插入睾丸鞘膜韧带中，然后向一个方向捻转，直到精索被捻断为止，即除去了一侧睾丸。

（5）用同法除去另一侧睾丸，并用碘酊给患处消毒；挤出余尿，将仔猪提起摆动几下后放开。

【知识链接】

一、母猪分娩前的准备工作

（一）分娩舍的准备

根据推算的母猪预产期，分娩舍应在母猪分娩前一周准备好，并要保证分娩舍的干燥、卫生、温度适宜和空气新鲜以及产栏舒适。

1.消毒

母猪进入分娩舍前一周，要先用高压水枪冲洗分娩栏及一切用具的表面，特别要冲洗容易藏污纳垢的地方，然后打开门窗通风；待舍内水分完全蒸发后，用2%火碱水或2%~5%来苏儿等进行彻底消毒；喷药后1 h左右，再用清水将药液冲洗干净（若能用火焰再消毒一次，则效果更好）；待分娩舍干燥后，即可留作备用。

2.保暖

分娩舍要温暖（最佳舍温为15~20 ℃），同时要为仔猪配备护仔箱等保暖设施。保暖方法有多种，一般常用的有电加热板法、红外线灯法和温水循环法等。从多年的使用效果来看，红外线灯法所用设备较为简单；温水循环法的优点是床面比较干燥，仔猪的腹部也可得到保暖并能预防下痢，但投资成本较大。

此外，农村还可设计地龙式取暖，即在外面烧火，利用舍内炕洞走烟来提高舍内小环境的温度，从而为初生仔猪取暖。该方法成本低，效果也较好。

（二）待产母猪的清洁消毒

为让母猪适应新的环境，根据推算的母猪预产期，在产前约一周，应把母猪赶入分娩舍待产。母猪进入分娩舍前，要对母猪进行淋浴，以彻底洗刷干净其体表，然后再用来苏儿消毒猪体。

（三）接产用具及药物

接产用具：分娩记录卡、剪刀、结扎线、耳号钳、止血钳、洁净的毛巾等。药物：5%碘酊、催产素、0.1%高锰酸钾溶液或2%～5%来苏儿、止血药、凡士林油（助产时使用）等。

（四）待产母猪的饲养管理

1. 饲养

母猪进入分娩舍后，每天要给其改喂哺乳母猪料3～4 kg。对于体况适中的妊娠母猪，在产前一两天，其喂料量要减半或减1/3，同时要给其供应充足的饮水，以防止母猪产后便秘、食欲不振、乳汁过浓。乳汁过浓会造成仔猪消化不良。母猪产前便秘往往会引起难产。若发现母猪便秘（平时要经常检查母猪的排粪情况），则可将一些具有轻泻作用的饲料（如麸皮），加入其日粮中。对于产前体况偏瘦的母猪，其喂料量不应减少，要维持每日3～4 kg的喂料量，或者增加喂料量。距母猪分娩2～3 h，保温箱里的保温灯要开启。

2. 管理

按摩母猪乳房有利于母猪产后泌乳以及接产。产前要封好或治好不能利用的乳头或伤乳头，否则母猪产后会因疼痛而拒绝哺乳。

二、母猪分娩的征兆

妊娠期末，在胎儿从母体产道产出前，母猪在生理和行为上会发生一系列变化，称为分娩预兆。根据分娩预兆大致预测分娩时间，可以为接产提前做好准备，从而保证母猪和仔猪的安全。

（一）乳房变化

产前15 d左右，母猪的乳房会从后向前逐渐膨大而下垂；临产前，乳房基部会在腹部隆起并呈两条带，同时乳头向两外侧呈"八"字分开，并富有光泽。一般情况下，母猪前排的乳头能挤出少量浓稠乳汁，则24 h左右可能分娩；若中间乳头能挤出浓稠乳汁，则12 h左右可能分娩；若后排乳头能挤出浓稠乳汁，则3～6 h内可能分娩；若对任意一个乳头轻轻挤压就能挤出黄白色乳汁，则预示马上就要分娩了。

（二）外阴变化

产前一周，母猪外阴会逐渐红肿、松弛；产前3 d，骨盆开张，尾根下凹，并且臀部肌肉会出现明显的塌陷现象，同时尾根上下掀动的范围增大。

（三）行为变化

母猪临产前会表现出不安，若这时圈内有垫草，则母猪会将垫草衔到睡床周围做窝。现代化猪场的母猪一般在专用产仔床上饲养,若母猪时常表现出咬铁管的行为,则预示着一般6~12 h将要产仔;若母猪时起时卧,呼吸加快,频频排尿,四肢伸展,出现阵痛并用力努责,而羊水又从阴道内流出,则说明很快就要产仔了。

三、接产

(一)分娩过程

分娩是一个连续完整的过程,从子宫出现阵缩开始,至胎衣排出为止。它分成准备、胎儿产出和胎衣排出三个阶段。

1. 准备阶段

准备阶段的内在特征是血浆中黄体酮含量下降,雌激素含量升高,垂体后叶释放大量催产素;表面特征是子宫扩张和子宫纵肌与环肌的节律性收缩,促使子宫颈扩张。在准备阶段结束时,子宫和阴道间已成为一个连续管道。

2. 胎儿产出阶段

这一阶段子宫肌的阵缩更加剧烈、频繁,子宫颈完全张开,直到胎儿能排出为止。母猪的子宫先由距子宫颈最近胎儿的最前方开始收缩,然后两个子宫角再轮流收缩,并逐步达到子宫角尖端,从而依次将胎儿完全排出。偶尔会是一个子宫角将其中的胎儿及胎衣排空以后,另一个子宫角再开始收缩。到了胎儿产出的末期,子宫角已大为缩短。这样,最后几个胎儿就不会在排出过程中因脐带过早地被扯断而发生窒息。

母猪通常需要1~4 h才能产出全窝仔猪。猪的胎盘为弥散型胎盘,母体胎盘与胎儿胎盘的联系不紧密,以至于强烈的子宫收缩易把二者分开,因此胎儿的产出相当快。

母猪每产出一个胎儿需努责一次或数次,努责时尾巴挺起,后腿伸直。通常每次努责会产出一个胎儿,有时接连产出2个或3个。第一个胎儿产出的时间较长。至于相邻两个胎儿产出的时间间隔,我国地方猪种平均为10 min,花费时间最短;国外引进猪种平均为10~30 min;培育猪种约为5~15 min,介于前二者之间。若胎儿分娩的间隔时间过长,则应及时进行人工助产。

3. 胎衣排出阶段

胎衣是胎儿的附属膜。胎儿全部产出后,经过10~60 min,子宫肌重新开始收缩,然后胎衣会从两个子宫角内排出。母猪一侧子宫内的所有胎衣是粘连在一起的,极难分离,因此所排出的是非常明显的两堆胎衣。

胎衣排出后,核对胎衣上的脐带断端与胎儿的数目是否吻合,可以确定胎衣是否完全排出。清点时,将胎衣放在水中进行观察,可以看得更清楚。胎衣若未排完,应继续值班看护、等待。检查完毕后,胎衣应予及时妥善处理。例如,可以将其洗净后煮熟,再拌料喂给母猪。这样既能补充蛋白质,又有催乳的作用。

(二)接产技术

母猪分娩一般多在夜间。为避免刺激母猪,造成母猪应激,以致影响其正常分娩,整个接产过程要求保持安静,禁止大声喧哗和说笑。接产人员在接产前要将指甲剪短、磨光,做好准备。

1. 助产与脐带处理

（1）擦干黏液。仔猪出生后需要用洁净的毛巾将其口鼻内的黏液掏除、擦净，以防止仔猪被憋死或吸进液体被呛死。同时，还要为仔猪保温，用毛巾迅速擦干其皮肤。

（2）断脐带。仔猪离开母体时，仔猪端脐带长为20~40 cm，因此需要人工断脐带。具体操作如下：将脐带内的血液向仔猪腹部方向挤压，然后在距腹部3~4 cm处，用手指把脐带掐断（或用剪刀剪断）；之后，再稍微捏一会儿或用线扎住，直到不出血为止；最后，再用5%碘酊消毒。

断脐带后，要将仔猪移至安全、保温的地方（如保温箱内）。

2. 假死仔猪的救护

假死仔猪即出生后全身松软，没有呼吸，但心脏或脐带基部仍在跳动的仔猪。造成仔猪假死的原因：母猪分娩时间过长导致子宫收缩无力；仔猪脐带过早在产道内被扯断；仔猪胎位不正，导致分娩时间过长；等等。假死仔猪的救助方法：用毛巾迅速擦去仔猪鼻端、口腔内的黏液，然后倒提仔猪后腿，连续轻拍其胸部和背部；或者让仔猪仰卧，然后用一只手托住仔猪的臀部和头颈，另一只手拉住其两前肢，有节奏地进行屈伸；或者将仔猪头部稍抬高，距腹部20~30 cm处剪断脐带，然后一只手捏紧脐带末端，另一只手自脐带末端向仔猪体内每秒钟捋动一次，反复进行，直至救活。通常，假死仔猪出现深呼吸40次左右，发出叫声60次左右，才能正常呼吸。

经过救助的假死仔猪一般较虚弱，需要进行人工辅助哺乳和特殊护理，直至恢复健康。

3. 难产处理

难产在母猪分娩中较为常见，多为由母猪产道狭窄（早配初产母猪多见）、子宫迟缓（老龄、过肥或过瘦母猪多见），以及胎位异常、死胎多或胎儿过大等原因所致的分娩时间拖长。若不及时处置，则可能造成母与仔皆亡。

母猪破水半小时后仍不产出仔猪，即可能为难产。难产也可能发生于分娩过程的中间，即母猪顺产几头仔猪后，间隔很长时间不再产出仔猪。如果母猪呼吸急促，长时间反复努责，皮肤发绀，应立即对其采取助产措施。对于老龄体弱的母猪，为促进子宫收缩，可给其肌肉注射催产素（垂体后叶素）10~20 IU，必要时同时注射强心剂。如果半小时后仍不能产出仔猪，就应对母猪进行人工助产。具体操作方法：剪短并磨光指甲，用肥皂水洗净手和手臂，并用2%来苏儿或0.1%高锰酸钾溶液消毒，再用75%酒精消毒，然后向手和手臂涂润滑剂（液状石蜡或植物油）；为将母猪外阴部用上述消毒液消毒，向母猪产道内注入温生理盐水、肥皂水或其他润滑剂；将手指尖合拢为圆锥状，手心向上，然后在母猪努责的间歇，将手及手臂慢慢伸入产道；握住胎儿的适当部位（眼窝、下颌或腿）后，随着母猪的每次努责，缓慢地将胎儿拉出。拉出一头仔猪后，若转为正常分娩，则可不再用手取出仔猪。若胎位异常，则矫正胎位后仔猪可能自然产出。

整个助产过程中尤为重要的是，要尽量避免损伤和感染产道。因此助产后，必须给母猪注射抗生素药物，以防止产道受到感染。产后若母猪出现不吃食或脱水症状，应经耳静脉为其滴注5%葡萄糖生理盐水500~1 000 ml、维生素C 0.2~0.5 g。

4. 清理胎衣、清洗猪体

母猪在产出最后一头仔猪后半小时左右，胎衣排出，分娩即结束。这时应立即清除胎衣（胎衣如果被母猪误食，就可能引起母猪食仔的恶癖）。同时，应将母猪阴部、后躯等处的血污清洗干净并擦干。此外，被污染的垫草等也应予清除，并换上新垫草。将胎衣切碎、煮汤喂给母猪，有利于母猪恢复体况和泌乳。

5.仔猪的剪牙、断尾、编号

(1)剪牙。仔猪一出生就有 8 枚状似犬齿的牙齿,上下颌的左右各 2 枚。由于犬齿十分尖锐,仔猪吮乳或发生争斗时极易咬伤母猪乳头或同伴,故应将其剪掉。剪犬齿时,要用剪牙钳,并需要小心操作;修剪牙齿时不要把牙齿剪得太短,并且不可伤及颚骨或齿龈。剪牙钳要经过认真消毒,以避免因交叉感染而使病原体进入仔猪体内。断齿要被清出口腔,齿龈要用碘酊进行消毒。发育不好的弱小仔猪可以保留牙齿,从而有利于其进行乳头竞争,有利于其生存。

(2)断尾。为了预防仔猪在断奶、生长或育肥阶段咬尾现象的发生,仔猪出生后应及时将其尾断掉。仔猪出生后不久就断尾,伤口很小,不会流很多血,也不会影响仔猪的生长发育。断尾要使用专用的断尾钳。断尾的方法:用断尾钳在距仔猪尾根 1～2 cm 处将其尾剪断,然后用碘酊消毒患处。注意:每断尾一次后,必须对钳子进行消毒。

(3)仔猪编号。为仔猪编号便于记录和辨认,尤其对种猪更有意义。原因是可以搞清猪只的来源、发育情况和生产性能等。编号的方法有很多,常用的有耳标法和剪耳法,我国一般沿用剪耳法。剪耳法是指用耳号钳在猪耳上打缺口,一个耳缺代表一个数字,把几个数字相加,就是该猪的耳号。剪耳法又分为大排法和窝排法两种。

①大排法。其排号原则为左大右小、上 1 下 3、公单母双,耳缺代表的数字相加即为编号。左耳的上缘缺刻为 10,下缘为 30,耳尖为 200,耳中部为 800 和 2 000;右耳的上缘缺刻为 1,下缘为 3,耳尖为 100,耳中部为 400 和 1 000。

②窝排法。其排号原则为左窝右号(左耳代表窝号,右耳代表个体号)、上大下小、公单母双。左耳尖缺刻为 200,上缘近耳尖为 10、中间为 30、近耳根为 50;左耳下缘相对应的为 1、3、5。右耳尖缺刻为 100,上缘、下缘的剪法与左耳相同,其中耳尖的 100 代表窝数。

编号时要剪在猪耳的软骨上,两个缺口不要剪得太近,并尽量避开血管,剪完后要用碘酊消毒。

随着大型规模化养猪生产的发展,耳标法编号已开始被普遍采用。耳标是一种特制的标有号码的塑料牌,钳在猪耳上。

6.称重、记录

要及时给仔猪称重并按要求填写分娩卡片。

四、哺乳母猪的饲养管理

(一)合理饲喂

哺乳母猪饲粮的需要量包括维持需要量和泌乳需要量。所哺育仔猪数量以及体重的大小决定了母猪的泌乳需要量,舍温以及母猪的体重、体况决定了母猪的维持需要量。母猪饲粮的维持需要量约为 1.5～2 kg(地方猪种体重较小,一般为 1.5 kg;引入猪种体重较大,一般为 2 kg)。母猪饲粮泌乳需要量的简单估算方法:一头仔猪每天平均需要 0.4～0.5 kg 标准饲粮,其中地方猪种需要 0.4 kg 左右,引入猪种需要 0.5 kg 左右。因此,如果一头哺乳母猪哺育 10 头仔猪,则每天需要 6～7 kg 饲粮。在生产实践中,母猪的日采食量一般很难达到这一标准,因此母猪体重在泌乳期会降低过多,以至于影响母猪断奶后的再次发情以及仔猪的生长发育。

只有提高母猪的泌乳量,才能确保仔猪的快速生长发育。为使母猪的体重损失不致太大,可在哺乳母猪的饲粮中添加5%~8%脂肪来提高饲粮的能量浓度,以弥补母猪采食量少的不足。

产前减料会导致母猪容易发生便秘。为此,分娩后给母猪喂食麸皮粥(0.5 kg麸皮加5 kg水)有助于减轻便秘的发生。刚分娩完的母猪采食量较少,分娩当天不给其喂料或少量喂料;分娩后第一天,喂料2 kg,之后按每天0.5~1 kg逐渐加料;第七天要达到5 kg以上,并且喂料2~4次/天,以后逐渐增加;第十天的高峰期,要达到6.5 kg以上(冬天可达7 kg以上)。母猪采食量越早达到最高水平,其整个泌乳期的总采食量就越高,泌乳量也越多,仔猪的生长发育也就越快。哺乳母猪的饲喂次数以日喂4次为好,各次的饲喂时间要固定并且不能过于集中,以6:00~7:00、10:00~11:00、15:00~16:00、22:00~23:00为宜。

(二)保证充足的饮水

母猪在哺乳期由于泌乳,因此需水量增加,一般为30~35升/天。夏季,泌乳量高并采食生干料母猪的需水量会更大,因此保证其有充足清洁的饮水更为重要。饮水不足将导致母猪采食量降低、泌乳量减少,以及母猪体重的减少量增大。

(三)创造适宜的环境

保持猪舍温暖、干燥、卫生,将圈栏内的排泄物及时清除,有利于母猪泌乳。猪舍内的圈栏、工作道及用具等,应予定期进行消毒。

五、哺乳仔猪的饲养管理

仔猪的培育是养猪生产中的重要环节。通常在生产中,根据仔猪不同时期的生长发育特点以及对饲养管理条件的要求,仔猪的培育可分为哺乳仔猪的培育和断乳仔猪的培育两个阶段。

(一)哺乳仔猪的生理及生长发育特点

1.生长发育快,物质代谢旺盛

和其他家畜比较,仔猪的初生重相对较小,只占成年体重的1%左右(羊为3.6%、牛为6%左右)。仔猪刚出生时,体重仅约1 kg,但其后期的生长发育特别快:10日龄时,体重已是初生重的2倍以上;30日龄时,体重是初生重的5~6倍;60日龄时,体重达15 kg以上,是初生重的10~13倍。

仔猪的生长发育以旺盛的物质代谢为基础,所以才有出生后的快速生长。一般20日龄仔猪每千克增重的蛋白质需要量为9~14 g,是成年猪的30~35倍;所需代谢能为302.29 kJ,是成年猪的3倍;钙需要量为7~9 g,磷需要量为4~5 g。因此,为仔猪提供全价优质的日粮,十分重要。

2.消化器官不发达,消化腺机能不完善

仔猪的消化器官在胚胎期内虽已形成,但在出生时其相对质量和容积较小,因此机能发育不完善。例如,小肠在哺乳期内长度约增了5倍,而容积则扩大了50~60倍。仔猪6~8月龄以后,其消化器官的强烈生长开始减慢,到了13~15月龄时,已接近成年的水平。

因为仔猪的消化器官发育晚熟,所以导致了消化腺分泌等消化机能的不完善。初生仔猪可以吃母乳,但几乎不能利用植物性饲料。这是由于仔猪胃腺不发达,不能分泌游离的盐酸,因此胃蛋白酶没有活性,不能消化利用植物饲料中的蛋白质。但是,仔猪体内的胰蛋白酶、肠淀粉酶和乳糖酶的活性较高,对乳蛋白的吸收率可达92%~95%。

3.缺乏先天免疫力,容易得病

由于猪的胚胎构造复杂,而免疫抗体又是一种大分子的球蛋白,很难进入胎儿体内,所以仔猪出生时体内缺乏抗体,先天免疫力较弱。仔猪只有吃到初乳后,才能从初乳中获得母体抗体。

4.调节体温的机能发育不全,对寒冷的应激能力差

仔猪出生时大脑皮层发育不健全,被毛稀疏,皮下脂肪少(不到体重的1%),因此调节体温的能力差,易被冻僵、冻死。研究结果显示,初生仔猪裸露在1 ℃环境中2小时,即可被冻昏甚至冻死。

(二)导致哺乳仔猪死亡的原因

哺乳仔猪成活率是反映集约化养猪场生产水平的重要指标,其高低直接影响着养猪场的经济效益。据报道,目前我国农村散养户的哺乳仔猪死亡率可达40%左右,中小规模猪场可达20%～25%。为此,分析哺乳仔猪死亡的原因,采取应对措施降低哺乳仔猪死亡率,对于提高猪场的效益是非常重要的。哺乳仔猪的死亡主要有三方面原因。

1.饲养管理方面

(1)冻死。由于初生仔猪调节体温的生理机能不完善,被毛稀疏,皮下脂肪少,所以在保温条件差的猪场易被冻死。

(2)压死、踩死。导致仔猪被母猪压死或踩死的因素主要有母猪母性较差;母猪产后患病;母猪因环境吵闹而致脾气暴躁;弱小仔猪行动不便,不能及时躲开;猪舍环境温度低,仔猪为取暖躲在草堆里;仔猪在母猪腿下、腹下躺卧;等等。

(3)饿死。母猪产后食欲不振,导致少奶或无奶,并且催奶措施没有效果,以及仔猪寄养不成功等因素,都会造成仔猪被饿死。

(4)咬死。仔猪在拥挤、空气质量不佳等应激条件下,会出现咬耳或咬尾恶癖,受伤的部位易受细菌感染,严重的会导致仔猪死亡;某些哺乳母猪母性差或产后口渴烦躁,会出现咬吃仔猪的现象;寄养不成功的仔猪有时也会被寄养母猪咬死。

2.母猪方面

(1)泌乳不足。母猪营养不良、患乳腺炎或感染其他疾病,导致营养摄入不足,都会造成产后少乳或无乳。因此,仔猪会因营养不良导致体质下降,最终可能感染疾病而死亡。

(2)弱胎。妊娠母猪体质差或老龄化、窝产仔数过多,以及饲料发霉变质或营养不全等,都会导致母猪产出弱仔。体弱的仔猪活动能力差、抗病力弱,会因饥饿或感染疾病而死亡。

3.疫病方面

(1)腹泻病。据统计,在疫病引起的仔猪死亡中,由腹泻引起的占比高达26.1%,其中由仔猪黄、白痢引起的最多。哺乳仔猪易受大肠杆菌的侵害而发生仔猪黄、白痢,在寒冷季节又易感染传染性胃肠炎。这些都会导致其死亡。

(2)母体传染给仔猪的疾病。此类病病包括细小病毒病、伪狂犬病等。

(三)哺乳仔猪的饲养管理

1.吃足初乳

母猪分娩后3 d内所分泌的乳汁称为初乳。初乳中含有大量免疫球蛋白,而脂肪含量则较低。吃

足初乳是仔猪早期(仔猪自身能有效产生抗体之前,出生后约4～5周)获得抗病力最重要的途径。

仔猪刚出生时,活力较差,特别是一些体重小、体质弱的仔猪,往往不能及时找到乳头。因此,仔猪出生并被擦干和断脐后,应立即将其放入保温箱内。同时,对仔猪既可随产随哺,也可一窝仔猪产出后,再立即对它们进行人工辅助哺乳。若母猪无乳或缺乳,应尽早将仔猪寄养出去,并保证仔猪能吃到寄养母猪的初乳。

在让母猪给仔猪哺乳前,最初的几滴乳应予挤掉。因为这部分乳汁贮存时间较长,易受污染,仔猪食入后易导致下痢。

2. 固定乳头

母猪乳房的构造与其他家畜不同,各个乳房互不相通并且泌乳量也不同,一般前面的乳房泌乳量较多。因此,吮食前面乳头的仔猪,生长发育得较快。

母猪的乳房没有乳池,不能贮存乳汁,因此除分娩后最初2～3 d是连续分泌乳汁之外,以后必须在刺激下才能有控制地放乳。每次哺乳时,仔猪必须先拱揉、按摩母猪的乳房以刺激乳腺,当刺激达到一定的阈值后,母猪才开始放乳。放乳的持续时间为10～20 s。

仔猪有在固定乳头吸乳的习惯,即开始几次吸食了某个乳头,一经认定直到断乳也不变。但是,初生仔猪通常会互相争夺乳头,最前边的乳头一般被强壮的仔猪占领,而弱小仔猪则很难找到乳头,以致错过放乳时间而吃不到母乳或吃乳不足。母猪也会因仔猪的争抢而被咬伤乳头,从而拒绝哺乳。因此,为保证同窝仔猪的均匀发育,在仔猪出生后2～3 d内,人工为仔猪固定乳头是一个好办法。

固定乳头的原则是将弱小的仔猪固定在母猪前面的几对乳头,而将初生重较大的仔猪固定在后面的几对乳头。这样就能够利用母猪不同乳房泌乳量不同的规律,使弱小仔猪获得较大量的乳汁以弥补先天的不足。虽然后面的几对乳房泌乳量较少,但因仔猪健壮,拱揉、按摩乳房有力,所以仍可弥补泌乳量不高的缺点,从而使得同窝的仔猪发育均匀。

固定乳头的重点是控制体重大、活力强和体重小、活力弱的仔猪,中等大小的仔猪可自由选择母猪中间的乳头。在每次哺乳时,应先将体重小的仔猪固定在母猪前面的几对乳头,并对争抢乳头严重、乱窜乱拱的仔猪进行严格的控制。当窝内仔猪较多时,采用在仔猪背部标号或用隔板将仔猪分开等办法,有助于加快乳头的固定。

固定好乳头的标志是母猪授乳时,全部仔猪都能在固定的乳头拱揉、按摩乳房,无强欺弱、大欺小和争夺乳头的现象;母猪放乳时,仔猪全部安静地吸乳。

3. 保温

由于初生仔猪体温调节能力差、保温性能差(毛稀、皮薄、皮下脂肪少)、产热少(体内能量储备少),故对环境温度的要求较高,有"小猪怕冷"之说。仔猪最适宜的环境温度:0～3日龄,30～32 ℃;3～7日龄,28～30 ℃;以后每周降1～2 ℃,直至25 ℃。初生仔猪被冻死、压死、饿死的主要诱因是寒冷。因为仔猪遇低温时,体温降低、活力下降、行动迟缓、吸乳无力,以致进食的初乳量太少。

虽然"小猪怕冷",但"大猪怕热"。因此,如果将整个产圈升温,则母猪会感到不舒服,以致其泌乳量会下降。母猪的适宜温度是15～20 ℃。

目前,普遍采用的保温措施是为仔猪加设保温箱,内挂红外线灯或电热板。

4. 防压

仔猪被压死多发生于其出生后一周内。死亡仔猪中一般被压死的会占到30%～40%,甚至高达

50%。仔猪被压死的原因主要有三个。

（1）母猪老龄、体弱或肥胖，因此行动迟缓；无护仔经验的初产母猪也易压死仔猪。

（2）仔猪体重小（初生重小于 0.9 kg）、体质弱或因寒冷而活力不强，都易被母猪压死。

（3）一些管理上的原因也易导致仔猪被母猪压死。例如，产圈内无仔猪防压装置，致使仔猪无回旋和逃避空间；抽打母猪而致母猪受惊；垫草过多，仔猪钻入后不易被母猪发现；垫草过长，仔猪被缠绕后不易逃避。

针对上述原因所采取的防压措施主要有两种。

（1）设置护仔栏。规模化养猪场常采用带母猪限位架的高床网上分娩哺育栏。限位架一般长 210～230 cm、宽 55～70 cm、高 90～105 cm，其侧面最底端的栏杆距床面 20～25 cm，可保证仔猪能够探头吸乳。由于限位架很窄，母猪躺卧的速度被迫放慢，因此即使仔猪钻入了母猪身下，也有足够的时间逃避。

若让母猪利用实体地面分娩，则可在产圈的一角设长 100 cm、宽 60～70 cm 并与圈栏同高的护仔栏，栏内设保温箱，箱内挂红外线灯或电热板。仔猪出生后 1～3 d 内，可将其吃乳后捉回保温箱，并将箱门封住，然后间隔 1 h 左右再将仔猪放出吃乳，以训练仔猪养成吃乳后迅速回护仔栏内休息的习惯，从而实现母、仔分居，并且防止母猪踩死、压死仔猪。

（2）加强产后护理。一旦发现仔猪被母猪压住，应立即用力拍打母猪耳根，让其站起。

5. 寄养、并窝

母猪产仔数超过了有效乳头数，母猪产后体质差，母猪产仔数过少，以及母猪产后无乳或死亡等问题，可采用寄养或并窝的方法来解决。所谓寄养，就是将仔猪让另一头母猪哺育；并窝是指把几窝仔猪合起来由一头母猪哺育。

进行寄养和并窝以及调窝所应遵循的原则主要有三项。

（1）寄养仔猪在寄出前必须吃到足够的初乳，或寄入后能吃到寄养母猪足够的初乳，否则不易成活。

（2）通常将先出生的弱小仔猪寄给刚分娩的母猪。这样既可以保证仔猪能吃到足够的初乳（既吃生母初乳，也吃养母初乳），又不致使寄养母猪的乳腺变干（无仔猪吸乳的乳腺在母猪产后 3～4 d 会变干）。但是，寄养仔猪与原窝仔猪的日龄应接近，最好不超过 3 d。若超过 3 d 以上，则往往会出现大欺小、强欺弱的现象，以致影响体小仔猪的生长发育。

（3）寄养母猪性情要温顺，泌乳量高并且有空闲乳头。

母猪和仔猪主要是通过气味来互相辨认的。气味不同可能使得寄养母猪不接受寄寄仔猪，甚至会向寄养仔猪发起攻击。寄养仔猪也会因气味不同而远离新的伙伴，甚至会来回跑动、发出尖叫以寻找生母和同胞。另外，寄养仔猪还会因不能听出寄养母猪的叫声而不能及时地吸乳。解决这些问题的办法是在寄养仔猪的身上涂抹寄养母猪的尿液，或往全窝仔猪身上喷洒有气味的物质（来苏儿、酒精等），以掩盖寄养仔猪的异味，减少母猪对寄养仔猪的排斥，使寄养仔猪尽快融入新的家庭。

6. 补充铁、硒等矿物质

仔猪正常生长每日需铁 7～10 mg，3 周龄前共需铁 150～200 mg，而仔猪出生时体内铁的贮量仅为 40～50 mg，每天母乳可提供的铁仅约 1 mg。如此算来，仔猪体内铁的贮量仅够维持 6～7 d。铁缺乏时，仔猪会出现被毛粗乱、食欲减退、皮肤苍白甚至生长停滞等现象。因此，仔猪出生后要及时给其补铁。补铁的方法：仔猪出生后 2～3 d，给其肌肉注射右旋糖酐铁 150～200 mg；对于生长较快或吃料较晚的仔猪,可在仔猪14~20日龄时再补一次铁。

缺硒易引发仔猪下痢、白肌病,严重时会导致仔猪突然死亡。补硒的方法:缺硒地区,应在仔猪出生后3~5 d,给其肌肉注射0.1%亚硒酸钠和维生素E合剂0.5 ml;仔猪14~20日龄时,再注射1 ml。

硒是剧毒元素,摄入过量极易引起中毒,因此补硒时应予注意。

7. 保证清洁充足的饮水

仔猪生长迅速、代谢旺盛,需水量较多,因此应从出生后3 d起,为仔猪提供足量、清洁的饮水。饮水供应不足,将导致仔猪生长缓慢,还会导致仔猪因喝脏水而引起下痢。

8. 开食补料

母猪泌乳的高峰期是在产后20~30 d,35 d以后泌乳量明显减少,而仔猪的生长速度却越来越快。仔猪营养需要量大与母乳供给不足之间的矛盾,一般在仔猪出生后3周就会出现。为了保证仔猪在3周龄后能大量采食饲料以弥补母乳营养供给的不足,一般应在仔猪出生后5~7 d诱导其吃料,称为开食。

补料可以弥补母乳不能满足的营养需要,从而有利于仔猪的生长发育;可以锻炼仔猪的消化道,并且断奶前补料越多,仔猪的消化道越"成熟",从而有利于减少消化不良、下痢等疾病的发生;可以减少断奶后转料对仔猪造成的应激。

补料要利用仔猪的探究行为,以及仔猪喜食香甜食的习惯进行,或者采取强制的方法进行。仔猪经训练后,大多可在20日龄左右大量采食饲料,从而进入"旺食"阶段。开食的方法主要有三种。

(1)自由采食法。由于仔猪爱吃香脆可口的颗粒料,因此把颗粒性饲料撒在仔猪经常活动的地方,仔猪即可模仿母猪自由采食。每天训练4~5次,一般4~5 d后仔猪即可学会。

(2)人工塞食法。这种方法是指用手将湿料塞进熟睡仔猪口中进行诱食。每天3~5次,效果很好。

(3)以大带小法。若一窝稍大的仔猪学会了吃料,则其他仔猪就会模仿。

9. 预防下痢

下痢多发生在仔猪出生后1~3 d、7~14 d,一般由受寒凉、消化不良和细菌感染等因素引起,常见的有黄痢和白痢。下痢是哺乳仔猪最易发的疾病之一,严重影响着仔猪的生长发育和成活率。引起下痢的原因很多,因此应有针对性地采取综合措施进行预防。例如,采用"全进全出"的生产方式;每次母猪分娩前都要对产房进行彻底的清洗、消毒,并且日常也要保持产房温暖、干燥、空气清新,还要进行定期消毒;母猪产前要接种 K_{88}、K_{99} 大肠杆菌疫苗;保证哺乳母猪的全价饲粮,并且不轻易改变其配方组成;在仔猪补料中添加益生素和抗生素;等等。

10. 适时去势

肥育用的公、母猪若不去势,则其食欲和生长速度会受到性成熟之后活动的影响。若猪种性能优良并且饲养管理水平较高,则猪在5~6月龄即可出栏。这时母猪不去势对肥育效果影响较小,故母仔猪可不去势而直接进行肥育;公猪不去势则对肥育效果影响较大,并且其肉具有腥臭味,因此公仔猪必须去势后才能进行肥育。

仔猪的日龄或体重越大,去势的手术操作越难,并且伤口愈合得越慢,因此一般在公仔猪14~28日龄时对其进行去势。仔猪去势后,要对其进行加强护理,以防止仔猪互相拱咬伤口。为防止仔猪伤口感染,应注意保持圈舍卫生。

六、猪的生物学特征

猪是由欧洲野猪和亚洲野猪进化而来的。在漫长的进化过程中,遗传和后天的训练、调教,使猪形成了自己的生物学特征和行为学特性。认识和掌握并科学地利用猪的生物学特征和行为学特性,从而制定合理的饲养管理程序及饲养方式,可以达到提高生产效率的目的。

(一)性成熟早,多胎高产

1.性成熟早

我国地方猪种一般在 2~3 月龄即可达到性成熟,培育猪种一般在 5 月龄左右达到性成熟,而引入猪种一般在 6~7 月龄才能达到性成熟。达到性成熟只表明猪可以进行性行为,但其实际体况发育还没有达到体成熟,为此在生产实践中,猪的配种日期一般安排在其达到性成熟后的第二、第三个发情期。

2.多胎高产

猪是常年发情的多胎高产动物,其发情很少受季节的限制。猪的妊娠期较短,比羊短一个多月,比牛短近 6 个月,比马属动物短 7 个多月(各种母畜妊娠期的平均值见表 4-1)。猪的平均妊娠期为114 d,其范围为 108~120 d。由于妊娠期比其他家畜短,所以猪的繁殖周期较短,一般一年能产 2 胎;若缩短哺乳期,一年可产 2 胎以上。猪的窝产仔数在 10 头左右,繁殖力高的猪种(如我国的太湖猪)可超过 14 头。

表 4-1　各种母畜妊娠期的平均值

种类	平均(d)	种类	平均(d)
牛	282	马	340
水牛	307	驴	360
猪	114	骆驼	389
绵羊	150	狗	62
山羊	152	家兔	30

(二)生长速度快,沉积脂肪能力强

1.生长速度快

猪的生长强度大,因而代谢很旺盛。猪的初生重很小,一般为 0.8~1.7 kg,不到成年体重的 1%。30 日龄仔猪的体重可达其初生重的 5~6 倍;60 日龄可达 10~13 倍。断乳后至 200 日龄前,猪的生长发育仍很强烈,特别是性能优良的肉用型猪种,在满足其生长发育所需的条件下,160~170 日龄时体重可达 90~120 kg,相当于其初生重的 80~100 倍,而牛、羊只有 5~6 倍。

2.沉积脂肪能力强

猪沉积脂肪的能力很强,其中在皮下、肾周和肠系膜处,脂肪沉积得尤其多。同样采食 1 kg 淀粉,

猪可沉积脂肪 365 g，牛则沉积 248 g。

（三）杂食并以谷物饲料为主

1. 杂食性

猪的门齿、犬齿和臼齿都很发达，使得猪的食性很广，体现为杂食性。猪能广泛利用各种动植物和矿物质饲料，以及各种农副产品，并且喜吃甜食、香食。

2. 以谷物饲料为主

由于猪的胃内没有分解粗纤维的微生物，同时粗纤维又几乎全靠大肠内的微生物分解，所以猪对粗饲料中粗纤维的消化能力较差。但是，猪对精料中有机物的消化率一般可达 70% 以上，因此猪饲料应以含碳水化合物较多的谷物饲料为主。

（四）嗅觉和听觉灵敏但视觉较差

1. 嗅觉灵敏

猪的鼻子发达，嗅黏膜的绒毛面积大，嗅神经的分布密集，所以嗅觉非常灵敏。仔猪出生时便能靠嗅觉寻找乳头，并且固定乳头后一般都不会弄错。当有其他个体混入窝内时，猪能很快辨别并对其进行驱赶性攻击，因此仔猪在寄养时要进行气味处理。

2. 听觉灵敏

猪的耳朵大，外耳腔深广，搜索声响的范围大，因此听觉非常灵敏，即使微弱的声响也能被察觉到。猪对与吃喝有关的声响最为敏感，一旦听到，立即站起望食，并发出叫声。猪的叫声差别很大，因此其听觉也是传递信息、相互识别与往来的重要途径。

3. 视觉差

由于视距短及视野范围小，因此猪不靠近几乎看不见物体（人们常利用猪的这一特点，用假台猪进行采精训练）。猪仅对光的强弱有反应，强光能够使猪兴奋，弱光能够使猪安静。

（五）对温、湿度敏感，喜欢清洁，容易调教

1. 对温、湿度敏感

随着日龄和体重的变化，猪所需要的温、湿度也不同。大猪怕热，小猪怕冷。对成年猪而言，热应激的影响更大。适于成年猪生活的最佳温度为 21 ~ 22 ℃。猪舍内适宜的温度为 15 ~ 22 ℃，相对湿度为 65% ~ 70%。

2. 喜欢清洁

猪喜欢在阴暗、潮湿的角落里进行排泄，地点一旦固定很少改变。在条件允许的情况下，猪会自己保持躺卧地域的清洁和干燥，不会在自己吃、睡的地方排泄，即具有好清洁性。根据猪的这种特性，安排生产时一定要注意猪的密度，以保证每只猪合理占有猪舍的面积。因此，建造的圈栏应设休息区和排泄区，同时排泄区要略低于休息区，并把饮水器安装在其中，以引诱猪在此区域排泄粪尿。

3. 容易调教

猪性情温顺，很容易调教。经过调教后，猪能够建立条件反射，遵照特定的信号按时起居、进食、

排泄,因而便于管理,有利于生产。研究结果表明,家畜中猪是最聪明的,能学会狗所能做的任何技巧,并且训练时间较短。

(六)定居漫游,群体位次明显

1.定居漫游

猪在进化过程中形成了定居漫游的特征,即在没有圈舍的情况下,猪能自己找到固定的地方居住,从而表现出定居漫游的习性。同时,猪还从它们的祖先——野猪那里继承了一个习性,即群居性。因此,猪可以在一定的条件下相当平稳地过着群居生活。

2.群体位次明显

为了采食和争夺地盘,猪一般会发生争斗行为。猪在重新组群的初期,会发生以强欺弱、强者抢食多以及个体间激烈的争斗、咬架现象,并会按不同来源,分群躺卧。这样数天后,就会形成一个群居集体,并以胜利者为核心建立位次关系。猪群密度越大,争斗行为越明显,特别是在成年猪之间,争斗更加激烈,甚至会造成猪的伤亡。

因此,在实际生产中,猪群的饲养密度要得到合理控制,并要根据猪的品种、类别、性别、性情、体重等进行分群饲养,防止以大欺下、以强欺弱现象的发生。饲养员的任务不是消极地取消猪的争斗行为,而是积极地减少或化解猪只之间过多的不必要争斗。

七、猪的行为学特性

(一)正常行为

根据猪的行为特点,制定合理的饲养管理方式,最大限度地发挥猪自身的生产潜能,可以提高养猪的经济效益。

1.采食行为

猪的采食行为主要包括采食和饮水。猪的采食行为受丘脑下部摄食中枢的控制。其中,位于丘脑下部腹外侧部位的,称为摄食中枢;位于丘脑下部腹内侧部位的,称为饱中枢。它们之间相互作用,决定着猪的采食、饮水和其他一系列消化活动。

拱土觅食是猪采食行为的一个显著特征。但是,如果饲喂平衡的日粮,猪能获得足够的矿物质,就会较少发生拱土现象。

猪的采食具有选择性,相对来说特别喜爱甜食、颗粒料和湿料。猪的采食还具有竞争性,因此群饲的猪比单饲的采食量大、采食速度快,生长速度也更快。

猪每次采食的持续时间为 $10 \sim 20$ min,白天采食的次数比夜间多。猪的采食量和采食频率随体重的增加而增加。自由采食不仅采食时间长,而且能表现每头猪的嗜好和个性。

摄食中枢的兴奋还可以使猪体内血液的成分发生改变,从而引起渴觉和饮水行为。猪的饮水量很大,为干饲料的 $2 \sim 4$ 倍,采食和饮水常常同步或交叉进行。在不同季节、不同年龄、不同生理阶段、不同日粮组成和不同外界温度等情况下,猪的饮水量也不同。成年猪的饮水量除饲料组成外,很大程度上取决于环境温度。猪主要靠水分蒸发来散发体内热量,故高温时饮水量增大。此外在哺乳期,母猪的饮水量也会超过其他时期。

2.排泄行为

野猪为避免被敌兽发现,不会在休息的地方排泄粪尿,而这也就成了猪的天性。猪爱清洁,排泄粪尿一般多在采食、饮水后或起卧时,并选择潮湿或污浊的固定地方。据观察,猪在采食后约 5 min 左右便开始排泄,多为先排粪、后排尿;也有在采食前排泄的,但多为先排尿、后排粪;早晨的排泄量最大。但是,如果饲养密度过大或管理不当,猪的排泄行为就会混乱,以至于猪舍卫生难以保持,进而不利于猪的健康生长。

此外,猪通常习惯于将粪尿排在饮水处附近。因此,猪在转群时,要设法让其第一次排泄就在规定的地方(人为进行潮湿处理)进行。

3.性行为

性行为主要包括发情、求偶和交配,是动物的本能。猪的性行为在猪种的延续上具有非常重要的意义。

母猪临近发情时外阴会红肿,并会表现出神经过敏,轻微的声音便能将其惊起。但是,母猪在这个时期虽然接受同群母猪的爬跨,但不接受公猪的爬跨。发情母猪常能发出柔和而有节奏的哼叫声。当臀部受到按压时,发情母猪总是表现出如同接受交配的站立不动姿态,并且立耳品种的母猪同时会把两耳竖立、后贴。这种静立反应称为"呆立反射"。呆立反射是母猪发情的一个关键行为,可由公猪短促而有节奏的求偶叫声所引起,也可被公猪唾液腺和包皮腺所分泌外激素的气味而诱发。由于发情母猪的静立反应与排卵时间有密切的关系,所以被广泛用于对母猪进行发情鉴定。

母猪在发情期内接受交配的时间为 38~60 h。公猪接触母猪时会追逐母猪,嗅母猪的体侧和外阴部,或者把嘴插到母猪两后腿之间拱动母猪的臀部,并且发出低而有节奏的、柔和的"求偶歌声",还会出现有节奏的排尿。公猪的射精时间为 5~7 min。有的公猪射精后并不跳下而是进入睡眠状态。

4.护仔行为

猪的护仔行为是对后代生存和成长有利的本能反应。它包括产前的做窝以及产后的哺乳、对仔猪的保护等。

母猪在分娩前 1~2 d,通常会衔取干草或树叶等做窝。母猪在分娩过程中乳房已经饱满,产后会自动让仔猪吸乳。母猪在行走、躺卧时非常注意保护仔猪,避免踩伤或压死仔猪。母性好的母猪躺卧前会用嘴将仔猪拱离,然后再慢慢躺下,如果听到仔猪的尖叫声,会立刻站起。对于外来的侵犯者,带仔母猪会发出威吓,或以蹲坐姿势负隅抵抗。我国地方猪种的护仔表现尤为突出,因此农谚有"带仔母猪胜似狼"之说。在对分娩母猪进行人工接产或对初生仔猪进行护理时,有的母猪会表现出攻击行为,我国地方猪种表现得尤为明显。

在生产上,为使仔猪寄养获得成功,可经常将寄养仔猪与本窝仔猪混味,这样母猪就可以像爱护自己的仔猪一样来爱护寄养仔猪。

5.探究行为

探究行为包括探察活动和体验行为。猪的探究行为主要针对具体的事物或环境,如寻求食物、休息场所等;若达到了目的,则探究便停止,如仔猪搜寻母猪的乳头。探究行为在仔猪身上表现明显,这有助于哺乳仔猪的开食以及大量补料。如果有生人接近,则猪会发出一声警报而逃;如果人伫立不动,则猪会返回并逐步接近,同时用鼻嗅、拱和用嘴轻咬。这种探究行为有助于猪很快学会使用各种形式的自动饮水器。

6. 仿效行为

猪的行为有的是与生俱来的,如觅食、母猪哺乳和性行为;有的是后天学习而得的,称为仿效行为,即通过对事物的逐渐熟悉而建立起来的条件反射行为。

猪的模仿性在养猪生产中有广泛的应用。例如,训练后备公猪采精时,只需将其放在采精现场,让其观察其他公猪的采精过程即可。这样反复3~5次,后备公猪就会顺利地爬跨假台猪,完成采精过程。再如,仔猪的开食也是利用仔猪的模仿性实行"母带仔法"或"大带小法"完成的。

(二)异常行为

动物在野生情况下,除非患病几乎没有异常行为,而在家养条件下,异常行为屡见不鲜。异常行为是指超出正常范围的行为,异常行为的产生主要是由于动物所处环境条件的变化超过了动物的反应能力。研究结果表明,舍饲或在有限空间的室外脏地上饲养的动物,往往会产生与几千年进化所产生适应相反的改变。异常行为可通过许多形式表现出来,如相残、好斗、啃咬栏杆等。

恶癖是对人畜造成危害或带来经济损失的主要异常行为。猪的恶癖通常是由饲养密度过大或运动量少等有害刺激引起的,表现为频繁地咬栏柱、强烈的攻击行为、舌头在嘴里反复做伸缩动作或空嚼等。有的甚至会同类相残,如母猪产后食仔以及个体之间的咬尾,都是较为常见的异常行为。这些行为与密闭、有限的空间有关,因为这种环境使猪的正常行为如拱土、轻咬和咀嚼,不能进行。到目前为止,仔猪出生后断尾是防止咬尾的最佳方法。

猪的异常行为一旦发生,难以根除,因此重在预防。在生产上,为避免猪异常行为的发生,合理控制饲养密度,保持猪舍内外的空气交换,做好仔猪断奶前后的饲养管理,注意日粮中微量元素的平衡,都是较为有效的办法。

随着养猪生产日益现代化,猪的行为特点越来越引起人们的重视。因此在生产中,训练并利用猪的行为,使猪更能适应现代化的管理方式,同时,研究猪的行为特点及其发生机理和猪的调教方法与技术,已经成为提高养猪效益的有效途径。

当然,不可忽视的是,人的行为和活动对猪的行为的影响。猪对饲养员不熟悉以及饲养员的有害操作,会使猪产生不快和恐惧心理并做出不良行为反应,所以,饲养员应对猪采取正确的亲和、友善行为。同时,饲养员应注意猪只或猪群行为的变化,从而既可以迅速预防猪性能受到不良的影响,还可以克服因人为因素而造成猪做出不利行为所带来经济上的损失。这是管理现代化养猪场的一个重要方面,对提高养猪生产的经济效益有一定意义。

【项目测试】

1. 如何利用母猪的泌乳特点和仔猪嗅觉灵敏的特性给仔猪固定乳头?

2. 结合现场实际列出防止仔猪断奶综合征的措施。

3. 如何预防仔猪下痢?

4. 如何提高仔猪成活率?

项目五

保育舍生产

【知识目标】

1. 掌握断乳仔猪的生理特点。

2. 掌握断乳仔猪的营养需求。

【技能目标】

1. 能对断乳仔猪进行合理的护理。

2. 能选择健康的生长猪。

3. 能按照免疫程序对猪只进行免疫。

4. 能完成保育猪的日常饲养管理。

【素质目标】

1. 具有遵守企业规章制度的意识,能按要求完成工作。

2. 具有在生产中发现问题、思考问题及解决问题的能力。

3. 具有热爱职业、喜欢工作对象的情怀。

4. 具有团队协作精神。

5. 具有不断学习的能力。

6. 具有吃苦耐劳的品质。

【项目导入】

保育猪的饲养目标是合理饲喂营养全面的配合日粮,保证仔猪正常的生长发育,防止出现生长抑制,减少和消除疾病的侵袭,获取最大的日增重,从而为育肥阶段和后备阶段打下良好的基础。

【保育舍主管岗位职责】

1. 负责本舍饲料、药品、疫苗、物资、工具的使用计划与领取,监控以上物品的使用情况以降低成本。

2. 定期组织召开班组会议,充分研讨并解决本舍存在的突出的生产、经营问题。

3. 负责落实好公司制定的免疫程序和用药方案,并组织实施公司阶段性和季节性操作方案,包括防暑降温、防寒保暖、疾病处理等。

4. 做好保育猪的调栏和转群工作,细化猪群的投料与补料、免疫、疾病防治等工作,以降低全程死淘率。

5. 指导、督促技术工人做好环境卫生控制及舍内外的消毒工作。

6. 负责整理、统计本舍的生产日报表和周报表。

7. 服从场长助理的领导,完成场长助理下达的各项生产任务。

任务1　保育猪护理

（一）工作场景设计

学校技术扶持的养猪场有猪群转群到了保育舍,需要师生进行技术指导。全班学生每4人一组,每组选择一窝保育猪进行饲养。教师提供指导。

（二）工作目标

1. 保育猪成活率要达到95%以上。

2. 保育猪7周龄时转出体重要达到14 kg以上。

（三）工作日程

1. 7:30~8:30:喂饲。

2. 8:30~9:30:治疗。

3. 9:30~11:00:清理卫生及其他工作。

4. 11:00~11:30:饲喂。

5. 14:30~15:00:饲喂。

6. 15:00~16:00:清理卫生及其他工作。

7. 16:00~17:00:治疗、填写报表。

8. 17:00~17:30:饲喂。

夜晚可加喂一次。

（四）操作规程

1. 对空栏进行彻底冲洗,晾干后用消毒水进行消毒;再晾干后,用烟雾进行熏蒸消毒;消毒后,保持空栏超过5 d。

2. 检查猪栏内的设备及饮水器是否正常,并对有问题的设备进行维修。

3. 进猪前提前准备好保温灯。

4. 转入、转出猪群每周只能有一批次。猪栏标示的猪群批次要清楚、明了。转入的保育猪要按大小和强弱分群,遵守"留弱不留强、拆多不拆少、夜并昼不并"的原则,同时清除它们之间的气味差异,并多加予以观察。

5. 猪群的分布要注意特殊照顾弱小猪(冬天注意保温,让其远离主要进出门口)。残次猪要及时隔离饲养。病猪栏要位于下风向。无治疗价值的病猪要及时清走。

6. 做好防暑降温、防寒保暖工作;注意舍内有害气体浓度,做好通风换气工作。保育舍大环境的最适宜温度为22~26 ℃,小环境为24~28 ℃。每栋保育单元应挂3个温度计(前、中、后),悬挂高度尽量与猪身高相同。保育单元的温度高于30 ℃时,要打开风扇或进行排风;低于20 ℃时,要开保温灯(或采取其他保暖措施)、关闭门窗或使用半窗,以提高舍内温度,同时注意舍内的通风情况。

7. 猪群转入当天要适当对其进行限饲(弱小猪需使用圆盘料槽吃水料。要注意及时清理料盘);转入第二天可自由采食。保育猪采食要少量多餐,每天给其添料3~4次,必要时晚上可加一餐。同时,要保证其有充足的清洁饮水。

8. 猪群转入后3 d内,饲料中要视情况添加一些抗应激药物。残弱仔猪每天要用粥料、教槽料饲喂,以糊状为宜;转入当天要采取饮水方式给药。猪群转入一周后,要对其进行体内外驱寄生虫一次。同时,预防疾病用药要视情况而定。

9. 保持栏舍卫生、干燥。每天应清粪2次,并训练猪群"三点定位"。

10. 观察猪的饮食情况、呼吸情况及排粪情况;及时治疗病猪,严重的要进行隔离饲养。

11. 每周消毒 2 次,消毒药每周更换一次。

任务 2　生长猪选购

(一)工作场景设计

学校技术扶持的养猪场需要选购一批生长猪,请师生进行技术指导。全班学生每 4 人一组,对若干生长猪进行选择。教师提供指导。

(二)操作规程

1. 健康生长猪选择

健康的生长猪被毛直而顺,皮肤光滑(白猪应皮肤红润、光亮);四肢站立正常;眼角无分泌物,眼睛常寻找声音的方向;粪便基本成形,尿白色或略带一点金黄色;呼吸平稳,鼻突潮湿且较凉;接触新鲜东西或人时,喜欢用鼻子嗅,随后准备啃咬;投料试喂时,一般会来到饲料前采食。

2. 选购途径

生长猪要从正规猪场购入,最好由一个猪场统一提供;应根据需要选购,在一窝中选择时,以选择体重偏大的为宜。

3. 装猪方法

用 3%～5% 来苏儿对装猪车和载猪栏进行喷雾消毒后,将车停靠在装猪台旁;打开车后厢挡板,将其搭在装猪台与车之间(注意:不要有缝隙,以免卡伤猪腿);然后,将生长猪沿着装猪台的坡形道慢慢赶上车,并按载猪栏单元预定装猪头数分别装满;之后,关上单元门,以防止生长猪乱窜栏单元。

如果猪场没有装猪台,则车上可站一个人接猪,车下要有几个人抓猪。抓猪时,人要站在生长猪的左侧,用右手先抓住生长猪的右侧膝褶处,然后用左手从左侧抓住生长猪的左前肢下部,将生长猪抱起来;接猪人用右手抓住生长猪的右前肢肘关节下部,用左手抓住生长猪的左后腿膝关节下部,将生长猪提起并慢慢地放到载猪栏内。

载猪栏上方要用网或金属栏罩上,以防止生长猪跳出。

4. 运输

生长猪要由饲养技术人员押车(船)护送,押车(船)人员必须随身携带由当地动物检(防)疫部门开具的动物检(防)疫证明、车(船)消毒证明、无病源区证明等文件。装有生长猪的车(船)应缓慢启动,匀速行驶,但不能过快,以防止紧急刹车而损伤生长猪的肢蹄;遇到转弯时要提前缓慢减速,以防止生长猪拥向一侧而影响整个车(船)体的平衡,避免引起侧翻事故。押车(船)人员应经常观察生长猪的状态,发现异常要及时调整。冬季运输生长猪,特别是遇到雨雪天气,载猪栏必须覆盖能遮挡雨雪的篷布,并要留有充足的空间和排气孔及进气孔,以防止生长猪窒息;夏季即使遇到雨天也可不放挡雨篷布,以防止闷热而影响生长猪呼吸。雨较大时可停车避雨,雨停后再走;天气过于干热时,可向栏底面洒凉水降温。运猪车(船)一经启动,应尽量减少停车(船)次数和时间。若长途运输超过 6 h,则应停车(船),给生长猪饮水和进行简单的饲喂。到达目的地后,生长猪要沿着装猪台或由人抓着卸下,并被赶进(抱到)事先消毒好的隔离舍内饲养观察4~8周左右,经确认确实无病后,方可合群饲养。生长猪由于受运输疲劳、应激、晕车等作用的影响,会降低一定的采食量,所以应特别注意对其维生素、矿物质和水的供给。同时,还要注意对生长猪的饲养管理,以预防诱发其他疾病,如水肿病、感冒以及有时饮水或吃料不适而引起的腹泻等。

【知识链接】

一、仔猪断奶

断奶仔猪是指从断奶到10周龄阶段的仔猪。断奶标志着哺乳阶段的结束。在此阶段,仔猪的消化能力和抵抗力发育得尚不完全,但生长发育很快,所以如果饲养管理不当,则很容易造成其因患病导致生长发育缓慢而形成僵猪,甚至死亡。因此,断奶仔猪饲养管理的目标是合理饲喂营养全面的配合日粮,保证仔猪正常的生长发育,防止出现生长抑制,增强猪体抵抗力,获取最大的日增重,为后备阶段和肥育阶段的培育打下良好基础。

(一)断奶仔猪所受应激

1. 食物的改变。仔猪由吃温热的母乳为主,改吃固体饲料。

2. 生活方式的改变。仔猪由依附母亲生活,变成完全独立。

3. 生活环境的改变。仔猪由产房转群到保育舍,并伴随着重新组群。

4. 疾病的侵袭。仔猪最容易受病原微生物的感染而生病。

以上引起仔猪应激的因素如果处理不当,就会影响仔猪正常的生长发育。

(二)仔猪断奶的时间

仔猪的断奶时间应根据母猪和仔猪的生理特点,以及养殖场的饲养管理条件和管理人员的技术水平来确定。仔猪断奶时,应从三个方面考虑。

1. 母猪的生理特点及利用强度。仔猪断奶越早,母猪的利用强度越大。但在母猪子宫未完全复原时配种,将导致受胎率降低、胚胎死亡率增加。

2. 仔猪的生理特点。3周龄时,仔猪的免疫能力逐步增强,已能通过大量采食饲料获得自身所需的营养。

3. 饲养管理角度。仔猪的断奶日龄越早,要求的饲养管理条件越高。因此,根据我国目前的养猪科技水平,仔猪可以3周龄断奶,最迟不宜超过6周龄;如果条件允许,则可在2周龄断奶。但是,这样往往需对仔猪哺以人工奶或较大量的脱脂乳或乳清粉等乳产品,饲养成本很高,而且对护理和饲养环境的要求也较苛刻。

(三)仔猪早期断奶的优点

1. 提高母猪繁殖力

母猪年产仔窝数 $= \dfrac{365\ \text{天}}{\text{妊娠期}+\text{哺乳期}+\text{空怀期}}$。仔猪早期断奶可以缩短空怀期,从而可以提高母猪的年产仔总头数和年产仔窝数。

2. 提高饲料利用率

在饲料转化成乳、乳转化成仔猪体重的过程中,饲料利用率只有约20%;若采用早期断奶,仔猪直接摄取饲料,则饲料利用率可达50%以上。

3. 减少发病,促进生长发育

仔猪早期断奶后,一旦适应增重速度会加快。这时最大可能地满足仔猪所需的饲粮,可使仔猪的生长得到补偿。同时,也能较好地控制传染病和寄生虫对仔猪的侵袭(减少从母猪感染的机会),从而减少病、僵猪的比例。

4. 提高猪舍和设备的利用率

仔猪早期断奶缩短了母猪的占栏时间,提高了母猪年产仔窝数和断奶仔猪头数,因此间接降低了产仔栏等设备的生产成本。

(四)仔猪断奶的方法

仔猪断奶的方法各有优缺点,应根据生产实践的具体情况灵活加以运用。

1. 一次性断奶法

该方法是指在仔猪预定断奶日期当天,将母猪与仔猪立即分开。其优点是方法简单,工作量小;缺点是仔猪受的应激较大,泌乳充足的母猪易患乳腺炎。解决上述缺点的方法:断奶前3~5 d,减少母猪的采食量和饮水量,以降低泌乳量;加强对母猪和仔猪的管理。

2. 逐渐断奶法

这种方法是指在仔猪预定断奶日期前5~7 d,逐日递减母猪与仔猪的见面次数和哺乳次数。其优点是减少了仔猪和母猪所遭受的应激,对母、仔均有益;缺点是工作量较大。

3. 分批断奶法

该方法根据仔猪的发育和用途,进行分批、陆续断奶,即将发育差或拟作种用的仔猪后断奶,而将发育好或拟作肥育用的先断奶。其优点是兼顾了弱小仔猪和拟作种用的仔猪,缺点是断奶时间长。

二、断奶仔猪的饲养

断奶仔猪消化器官机能的发育还不完善,但对营养的需求却很大,处于快速生长发育阶段。断奶后,仔猪的营养需求主要来源于饲料,而对饲料的不适应会造成仔猪腹泻。导致断奶仔猪死亡的主要原因之一就是腹泻。因此,要提高猪场的经济效益,满足断奶仔猪的营养需求是极为重要的。

为充分发挥断奶仔猪的遗传潜能,必须充分满足其在各个阶段的营养需求,因此应采用"三阶段日粮饲喂法"。第一阶段:断奶到体重8~99 kg,采用哺乳仔猪料。第二阶段:体重8~99 kg到15~169 kg,混用哺乳仔猪料和仔猪料。这时日粮中粗蛋白质含量为18%~19%,营养浓度高、消化率高。第三阶段:体重15~169 kg到25~269 kg,只采用仔猪料。这时,仔猪的消化系统已日趋完善,消化能力较强,日粮中粗蛋白质含量为17%~18%。

三、断奶仔猪的管理

(一)饲粮逐渐过渡

仔猪断奶后一周内,应继续给其饲喂哺乳仔猪饲粮,以防止突然改变而降低仔猪的食欲,甚至引起胃肠不适和消化机能紊乱;2~3周后,逐渐过渡到断奶仔猪饲粮,并尽力做到饲粮的组成与哺乳仔猪饲粮相同,只是改变了饲粮的营养水平。

(二)断奶初期适当限饲

仔猪断奶后最初1~2 d,往往采食量很少,3~4 d 以后则大增。这时要适当控制仔猪的采食量,以免引起消化不良。如果仔猪是自由采食,则断奶后第一周应对其进行顿喂,因为直接进行自由采食往往会造成仔猪采食过量而引起消化不良。一周以后,仔猪可自由采食。

(三)分群

根据"拆多不拆少、留弱不留强"的原则,为减少应激,仔猪转群时最好原窝原圈转群;混群、并群时,则采用对等比例混合,并且饲养密度以每栏不超过 20 头为宜,每头仔猪的占地面积以 0.3 ~ 0.4 m² 为宜。

(四)环境

1. 温度

适宜仔猪的环境温度:30~40 日龄,21~22 ℃;41~60 日龄,21 ℃;61~90 日龄,20 ℃。为此,冬季保育舍要采取保暖措施,夏季则要防暑降温。

2. 湿度

适宜仔猪的相对湿度为65%~75%。过于潮湿有利于病原微生物的繁殖,容易引起仔猪患上多种疾病。

3. 清洁卫生

猪舍内要日常清扫、定期消毒,以减少仔猪感染疾病的概率。

4. 保持空气新鲜

及时清除舍栏内的粪尿,并进行通风换气,可以保持空气清新,减少氨气等有害气体对仔猪的侵害。

(五)调教管理

刚断奶、转群的仔猪要接受饮食区、躺卧区、排泄区"三点定位"调教训练,这样既可保持栏内卫生,又便于清扫。训练的方法:将排泄区洒水弄潮湿,或暂不清扫该区的粪便,以诱导仔猪在该区排泄。仔猪经过一周左右训练即可养成习惯。

此外,刚断奶仔猪常出现打架、咬尾等现象,因此必须加强饲养管理。

（六）网床培育

网床培育能有效防止仔猪腹泻病的发生。实验结果显示,在相同的营养与环境条件下,断奶仔猪网床培育与地面培育相比,日采食量提高了 67 g,平均日增重提高了 51 g,成活率提高了 15%。

（七）预防注射

仔猪应按照防疫程序注射猪瘟等疫苗,并在转群前进行体内外寄生虫驱除。

要避免同时进行仔猪的断奶、换料、调圈、并群、去势、免疫接种等工作,因为多重应激会加重对仔猪的不良影响。仔猪在保育阶段易患病,而这个阶段需要为育成生长肥育猪打下良好的基础,因此在实际生产中,只有进行科学的饲养管理,才会创造良好的经济效益。

（八）僵猪产生的原因及预防措施

1. 僵猪

所谓僵猪是指由某种原因造成的生长发育严重受阻的猪（见图 5 - 1）。它会影响同期饲养猪的整齐度,浪费人工和饲料,降低舍栏及设备利用率,从而增加养猪生产的成本。

图 5 - 1　僵猪和正常猪比较

2. 僵猪产生的原因

（1）出生前。妊娠母猪饲粮配合不合理或日粮饲喂量不当,容易造成僵猪的产生。妊娠母猪饲粮中能量浓度偏低或蛋白质水平过低,往往会造成胚胎生长受限,尤其妊娠后期饲粮质量不好或饲喂量偏低,是造成仔猪初生重过小的主要原因。母猪健康状况不佳,如患有某些疾病,也是导致母猪采食量下降或体力消耗过多而引起仔猪初生重过小的原因。另外,初配母猪年龄或体重偏小,或者是近亲交配的后代,也会导致仔猪初生重偏小。以上三种情况,均会造成仔猪生活力差、生长速度缓慢。

（2）出生后。母猪泌乳性能降低或干脆无乳,导致仔猪吃不饱,进而影响仔猪的生长发育。（造成母猪少乳或无乳的原因,主要是号哺乳母猪的饲粮配合不当,各种营养物质不能满足正常需要;或者日粮饲喂量有问题;或者母猪年龄过小、过大而造成乳腺系统发育或功能存在问题;或者妊娠母猪体况偏肥、偏瘦,以及母猪产前患病;等等。）仔猪开食晚,影响了仔猪采食消化固体饲料的能力,从而使母猪产后 3 周左右泌乳高峰过后,仔猪生长发育所需营养出现了相对短缺,导致仔猪表现出皮肤被毛粗糙,生长速度变慢以及有时腹泻。仔猪饲料营养含量低、消化吸收性差、适口性不好,也会影响仔猪生长期间所需营养的摄取,从而导致仔猪生长缓慢。仔猪患病也会形成僵猪。例如,有些急性传染病转为慢性或亚临床状态后,会影响仔猪的生长发育;有些寄生虫病一般情况下不危及生命,但会消耗体内营养,最终导致仔猪生长受阻;有些消耗性疾病(如肿瘤、脓包等),也会使仔猪消瘦、减重;消化系统患有疾病会影响仔猪的采食和消化吸收,从而导致仔猪生长缓慢或减重。仔猪用药不当,会导致免疫系统功能下降,以致骨骼生长缓慢。例如,一些皮质激素、喹诺酮类药物的使用,会使仔猪免疫功能降低,使用时间过长,就会影响仔猪骨骼生长;有些药物会造成消化道微生物菌群失调,引起消化功能紊乱,从而导致仔猪生长发育受阻。此外,仔猪受到强烈的惊吓,也会导致生长激素分泌减少或停滞,进而影响生长。据报道,一场龙卷风将美国宾夕法尼亚州一个猪场的所有猪卷到了高空中,然后落在几十千米以外的地方。猪场主人将其找回后,发现这些猪的生长就此停滞了。

3. 防止僵猪产生的措施

(1)做好选种选配工作。交配的公、母猪必须无亲缘关系。纯种生产要认真查看系谱,以防止近亲繁殖;商品生产要充分利用杂种优势进行配种繁殖。

(2)科学饲养妊娠母猪。根据母猪和胎儿的生长发育特点,给予合理的营养和管理,可以保证母猪具有良好体况和胎儿的正常生长发育,进而可以提高仔猪的初生重。

(3)加强哺乳母猪的饲养管理。本着"低妊娠、高泌乳"原则对哺乳母猪进行合理的饲养管理,可以充分发挥其泌乳潜力,进而可以提高仔猪窝重。

(4)对仔猪提早进行开食补料。供给适口性好、容易消化、营养价值高的仔猪料,可以保证仔猪生长所需的各种营养。

(5)科学进行免疫接种和用药。根据当地传染病流行情况,做好相应的预防工作,可以避免或减少仔猪患病;仔猪一旦发病及时予以诊治,可以防止成为慢性病;正确合理选择用药,可以防止保育猪产生用药后的副作用而影响生长。在生产实践中,饲粮中增加可消化蛋白质、维生素等,有助于僵猪恢复体质并促进其生长。同时,要改善僵猪所居环境的空气质量。例如,有条件的猪场在非寒冷季节将僵猪放养在舍外地面栏内,效果较好。

(6)保育猪驱虫。保育猪在断奶后2周左右,要使用驱虫药物对其进行体内外寄生虫的驱除工作。

四、当前农村养猪生产存在的问题和提高母猪单产效益的综合措施

当前农村养猪生产尤其是农户养猪,与正规猪场相比,经济效益较低。通过调查发现,农户养猪存在的问题较多,致使仔猪生长缓慢甚至造成了弱小猪或僵猪,从而直接影响了猪的生长发育,拖长了猪的生长周期,以至于造成了猪的周转慢、出栏率低,养猪经济效益较低。

(一)当前农村养猪生产存在的问题

1. 不问市场,盲目发展

养殖观念落后,缺乏对养猪业发展形势和生产技术的了解,往往凭传统经验进行养殖生产,以及缺少市场调查有效信息引导下的盲目发展,是当前农村养猪生产存在的主要问题。

2. 生产经营分散,抗风险能力差

农村大多数中小猪场基本上各自为政、单独经营,缺乏统一的科学管理,因而抗风险能力较弱。

3. 从业人员的科学素养和技术水平普遍较低

农村猪场的多数从业人员缺乏科学素养,技术水平较低,为了眼前的利益,常常使用违禁药物。

有的猪场甚至不报告疫情,导致疫情扩散,造成了更大的损失。

4. 生猪来源混乱,品种改良意识不强

农村养猪户购买仔猪时一般不注重来源,也不考虑血缘关系以及是否有遗传疾病,只看重价钱是否便宜,从而导致了仔猪患病率和死亡率的增加。

5. 饲养环境不良

农村的养殖猪舍一般较为简陋,冬寒夏热,并且环境卫生较差,环境污染较重,因而易导致猪群感染疾病。

6. 疫病防治不科学

给猪进行预防接种,可减少很多疾病的发病与流行。但是,有的养猪户认为防疫不重要,为减少费用而存在侥幸心理;有的虽然进行免疫,但存在接种方法不正确、接种剂量不够等问题,以致达不到防疫效果;有的在给猪进行治疗时,用药不当或乱用药。

7. 猪舍消毒不严格

有的养猪户从来不给猪舍进行消毒或只是象征性消毒;消毒药物的配比和剂量不科学,消毒不彻底,并且做不到定期消毒;长期使用一种消毒药。这些会导致病源滋生或产生抗药性。

8. 饲养管理不规范

饲料配比不均衡,导致仔猪发育缓慢;饲喂次数过少或过多,影响仔猪的生长发育。

(二)提高母猪单产效益的综合措施

我国生猪饲养量居世界之冠,但母猪单产却低于世界平均水平,因此,提高母猪单产水平和经济效益是当前养猪生产的首要任务。提高母猪年产窝数和仔猪成活率,可降低养猪成本、提高经济效益。提高母猪单产效益的综合措施主要有三项。

1. 延长母猪正常使用年限

延长母猪使用年限,可以增加母猪产仔头数,进而可以提高猪场的经济效益。母猪由于繁殖障碍或健康受损而会被过早淘汰,为此,后备母猪一定要达到体成熟与性成熟后方可配种。但是,母猪使用年限也不宜过长。因为母猪超过最佳繁殖期后,产仔数会减少,并且易出现产后少奶或无奶,以及仔猪成活率低或生长慢等缺点,所以要及时淘汰衰老母猪。

2. 提高母猪繁殖力,减少空怀时间

仔猪断奶日龄和母猪能否快速正常发情、怀孕,是影响母猪繁殖力的主要因素。科学的饲养管理,可以促使母猪发情、排卵;重视养好种公猪并适时配种,可以提高母猪受胎率;防止妊娠母猪流产或胚胎死亡,可以增加母猪窝产仔数;加强泌乳期的饲养管理,可以保证母猪有良好的体况,便于其断奶后快速进入下一次发情、配种。这些都有助于提高母猪繁殖力,从而达到多产目的。

3. 提高仔猪成活率

养殖户关注的是养好母猪,提高仔猪成活率,增加经济收入。在农村养猪生产中,死胎、弱仔和冻死、压死仔猪以及仔猪黄、白痢等疾病,导致了仔猪成活率较低。为了解决这些问题,提高仔猪成活率,一方面要从母猪着手,科学合理地饲养母猪,以保证胎儿的正常发育和营养需要;另一方面,要加强初生仔猪的护理。例如,尽早让初生仔猪吃上初乳并给其固定乳头,尽早给初生仔猪补饲、顺利断奶和补铁（预防贫血），加强对仔猪黄、白痢的防治，制定免疫程序、搞好防疫灭病工作，等等。

【项目测试】

1. 简述仔猪早期断奶的优点。

2. 生产中如何防止出现僵猪？

3. 选购仔猪时应注意哪些事项？

4. 仔猪断奶的方法有哪些，适合于哪些猪场？

项目六

育肥舍生产

【知识目标】

1. 掌握育肥猪的生长发育规律及影响其出栏的因素。

2. 掌握育肥猪的营养需求。

3. 掌握无公害猪、有机猪的生产技术。

【技能目标】

1. 能正确测定猪的胴体性状指标。

2. 能正确测定猪的肉质性状指标。

3. 能完成育肥猪的日常饲养管理工作。

【素质目标】

1. 具有遵守企业规章制度的意识,能按要求完成工作。

2. 具有在生产中发现问题、思考问题及解决问题的能力。

3. 具有热爱职业、喜欢工作对象的情怀。

4. 具有团队协作精神。

5. 具有不断学习的能力。

6. 具有吃苦耐劳的品质。

【项目导入】

育肥猪生产的目的是根据育肥猪的生长发育规律,采用科学的饲养管理技术,在育肥期内获得最高的饲料报酬和最优的胴体品质,即以最少的投入生产量多质优的猪肉,获得最高的经济效益。

【育肥舍主管岗位职责】

1. 负责本舍饲料、药品、疫苗、物资、工具的使用计划与领取,监控以上物品的使用情况以降低成本。

2. 定期组织召开班组会议,充分研讨并解决本舍存在的突出的生产、经营问题。

3. 负责落实好公司制定的免疫程序和用药方案,并组织实施公司阶段性和季节性操作方案,包括防暑降温、防寒保暖、疾病处理等。

4. 指导、督促技术工人做好环境卫生控制及舍内外的消毒工作。

5. 负责整理和统计本舍的生产日报表和周报表。

6. 服从场长助理的领导,完成场长助理下达的各项生产任务。

任务 1　育肥猪生产

(一)工作场景设计

学校技术扶持的养猪企业请师生对育肥猪的生产提供指导。全班学生每 4 人一组,每组饲养一栏育肥猪。

(二)工作目标

1. 育肥猪成活率不低于 99%。

2. 料重比不高于 2.7 : 1。

3. 日增重不低于 650 g。

4. 生长肥育阶段(15 ~ 95 kg)饲养日龄不超过 119 d,全期饲养日龄不超过 168 d。

（三）工作日程

1.7 : 30 ~ 8 : 30:饲喂。

2.8 : 30 ~ 9 : 30:观察猪群及进行免疫治疗。

3.9 : 30 ~ 11 : 30:清理卫生。

4.14 : 30 ~ 15 : 30:清理卫生。

5.15 : 30 ~ 16 : 30:饲喂。

6.16 : 30 ~ 17 : 30:观察猪群。

（四）操作规程

1. 进猪前,要彻底冲洗、消毒空栏(空栏时间不少于 3 d)。

2. 每周转群一次。

3. 分群、合群时,遵守"拆多不拆少、留弱不留强、夜并昼不并"原则,并喷洒药液(来苏儿等)于合群的猪身上,以消除气味差异。饲养人员要对合群的猪加强护理。

4. 根据猪的体重、强弱等及时调整猪群,并及时隔离病猪。

5. 为预防及控制呼吸道疾病,转入猪群第一周的饲料中应添加土霉素钙预混剂等抗生素。

6.49 ~ 77 日龄的猪,要给其饲喂小猪料;78 ~ 119 日龄的,饲喂中猪料;120 ~ 168 日龄的,饲喂大猪料;保育猪自由采食(参考喂料标准)。

7. 保持圈舍清洁卫生,加强对猪群饮食、休息和排便"三点定位"的调教。

8. 观察猪群的排粪情况(清理卫生时)和食欲情况(喂料时),检查猪群的呼吸情况(休息时)。

9. 做好防暑降温工作,经常检查饮水器和通风降温设备的工作状态是否正常。

10. 每周进行一次消毒,消毒药每周更换一次。

11. 只有事先鉴定合格后,才能让猪出栏。

任务 2　猪的屠宰测定

（一）工作场景设计

学校技术扶持养殖户所养的育肥猪现阶段体重已经达到屠宰上市标准,要进行屠宰测定并分析饲养效果,为此请师生给予指导。全班学生每 4 人一组,屠宰、测定一头育肥猪。教师提供指导。

（二）操作步骤

1. 屠宰

(1)称重。待宰猪要在早饲前进行空腹称重。

（2）放血和褪毛。将待宰猪电击后放血。放血部位在颈后第一对肋骨水平线下方,稍偏离颈中线右侧;放血时,刀由前向后刺入,割断颈动脉进行放血。褪毛不能采用吹气方式,屠体在60～68 ℃热水中烫3～5 min后,即可褪毛。

（3）开膛。自肛门起沿腹下中线至咽喉,左右平分剖开体腔,然后清除内脏(保留肾脏和板油)。

（4）劈半。沿脊柱切开背部皮肤和脂肪,再用斧或锯将脊椎骨断成两半(注意保持左半胴体的完整)。

（5）去除头、蹄和尾。头自耳后第一自然褶处切下,前蹄自跷骨以下、后蹄自胫骨以下切下,尾自尾根深皱纹处切下。

2.胴体测定

（1）宰前活重。经断食休息后所称得的空腹体重即为宰前活重。

（2）胴体重。去掉头、蹄、尾、内脏(肾脏和板油保留)的胴体劈半后,分别称量左右两片胴体所得质量的总和即为胴体重。

（3）屠宰率。胴体重占宰前活重的比例。计算公式为:

$$屠宰率 = \frac{胴体重}{宰前活重} \times 100\%$$

（4）膘厚及皮厚。将左半胴体倒挂,用游标卡尺测量肩部(X_1)、胸腰结合处(X_2)和腰荐结合处(X_3)的皮下脂肪厚度(不包括皮厚)(cm),其平均值即为背膘厚度。计算公式为:

$$\bar{X} = \frac{X_1 + X_2 + X_3}{3}$$

（5）眼肌面积。倒数第一和第二胸椎间背最长肌横断面的面积即为眼肌面积。眼肌面积可用求积仪测出,若无求积仪,可用下面公式估算。

$$眼肌面积(cm^2) = 眼肌高(cm) \times 眼肌宽(cm) \times 0.7$$

（6）胴体长。胴体长分为胴体直长和胴体斜长,将胴体倒挂,使用钢卷尺可以分别测得。

胴体直长即耻骨联合前缘至第一颈椎底端前缘的长度(cm)。

胴体斜长即耻骨联合前缘至第一肋骨与胸骨结合处前缘的长度(cm)。

（7）腿臀比例。沿腰椎与荐椎结合处的垂直线切下的腿臀重占该半胴体重的百分比即为腿臀比例。计算公式为:

$$腿臀比例 = \frac{腿臀重}{胴体重} \times 100\%$$

（8）瘦肉率。将剥去板油和肾脏的左片胴体剥离为瘦肉、脂肪、皮和骨四部分,其中的瘦肉质量占这四种成分总质量的比例即为瘦肉率(作业损耗控制在2%以内)。计算公式为:

$$瘦肉率 = \frac{瘦肉重}{骨骼重 + 皮重 + 脂肪重 + 瘦肉重} \times 100\%$$

任务3 猪的肉质性状测定

（一）工作场景设计

学校技术扶持的养殖户要进行育肥猪屠宰后的肉质性状测定,并分析饲养效果,为此请师生给予指导。全班学生每4人一组,分析、测定屠宰后的育肥猪。教师提供指导。

（二）操作步骤

1. 肉质性状测定

（1）肉色。肉色测定要在白天室内正常光照条件下进行,不允许阳光直射测定部位,也不允许在黑暗处测定。目测评分法按5级分制来测定肉色:灰白色(PSE肉色)为1分,轻度灰白色为2分,鲜红色(正常肉色)为3分,深红色(正常肉色)为4分,暗褐色(DFD肉色)为5分。

（2）pH值。用普通或数字显示的pH计,或者适用于胴体直接测定的专用pH计进行胴体pH值测定。

（3）滴水损失。将修整好的肉样称重(W_1)后,用细铁丝钩钩住肉样一端,使肉样垂直向下;将肉样置于充气的塑料袋中(不接触塑料袋),扎紧袋口;将塑料袋悬吊于冰箱冷藏层,保存24 h,取出肉样称重(W_2)后,计算滴水损失。计算公式为:

$$滴水损失 = \frac{W_1 - W_2}{W_1} \times 100\%$$

（4）肌内脂肪。肌内脂肪要按照国家标准GB/T 6433—2006规定的方法测定。测定前的肉样处理应严格按照化学分析规程进行,即准确度量匀浆前后肉样的质量,尽量减少水分损失和其他误差。

（5）肌肉嫩度。将肉样冷却至20 ℃后,沿肌纤维垂直方向切取宽度为1.5 cm的肉块;用直径为1.27 cm的圆形取样器,沿肌纤维方向取10个肉样;用嫩度测定仪测定10个肉样的剪切力值。其平均数即为肌肉嫩度,单位用牛顿(N)表示。

2. 猪肉质量的感官检验与鉴别

（1）变质猪肉。表面黏膜极度干燥或黏手并有霉变现象,切面呈暗灰色或淡绿色的猪肉,即为变质猪肉。腐败变质的肉无论在肉的表层还是深层,均有腐臭气味。变质猪肉脂肪的表面污秽且有黏液,呈淡绿色,同时脂肪组织很软,具有油脂酸败气味;骨髓不能充满骨髓腔,状如软膏,呈污灰色且暗淡无光;筋腱湿润,呈污灰色,其上覆盖黏液;关节面覆有很多黏液,滑液呈稀脓状。

（2）注水肉。注水肉一般局部肌肉肿胀,肌纤维突出明显,肌肉表面湿润、发亮,肉色变浅且呈粉红色。若猪肉注水过多,则将胴体吊挂时会有肉汁滴下;割下一块瘦肉放在盘子里,稍待片刻就会有水流出。注水肉的肉质缺乏弹性,有湿润感,手指挤压处呈明显凹陷痕迹并且往往不能完全恢复,有点像压面团儿的感觉;切面肌肉色泽淡红,切开的部位会流出大量淡红色汁液(肌肉丰满的注水处也呈同样状态)。注水肉的简易鉴别方法:将吸水纸贴在肉上并紧压,待其湿润后取下,若不能用火点燃,则说明肉中注过水。因为正常肉在吸水纸贴上后不会变湿,并且贴在肉上不易被取下。

（3）瘟疫肉。瘟疫肉的肉皮表面尤其在耳根和腹部,会布满紫红色、细小的出血点。

【知识链接】

一、育肥猪的饲养管理

（一）肥育用仔猪的选择与处理

1. 选择性能优良的杂种猪

为提高肥育效果,应选择性能优良的杂种仔猪进行肥育,以充分利用杂种优势。自繁自养的养猪场(户)只要选择性能良好的父本、母本并按相应的杂交配套体系进行杂交,就可获得性能优良的杂种仔猪。已经建立起完整繁育体系地区的商品猪饲养场(户),只要同相应的杂交繁殖场(户)签订购销合同,就可获得合格的仔猪。但是,对于从交易市场购买仔猪的生产者来说,选择性能优良杂种仔猪的难度就会比较大,风险也比较高。因此,商品猪饲养场(户)最好采用"自繁自养"的生产方式.

2. 提高肥育用仔猪的体重及均匀度

仔猪起始体重越小,要求的饲养管理条件越高,但起始体重过大也没有必要,如系外购仔猪,还会增大购猪成本。从目前的饲养管理水平来看,肥育用仔猪的起始体重以 20～30 kg 为宜。

育肥猪是群饲的,因此肥育开始时,群内均匀度越整齐,越有利于饲养管理,并且肥育效果也越好。

3. 驱虫

猪体内感染寄生虫后,多无明显的临床症状,但会表现出生长发育慢、消瘦、被毛无光泽等,有的甚至成为僵猪。因此,应在肥育开始前为仔猪驱虫。驱虫后排出的虫卵和粪便,应及时予以清除、发酵,以防仔猪再度感染。

(二)提供适宜的环境条件

1. 圈舍的消毒

圈栏和用具等在进猪之前要进行彻底的清洗、消毒。首先,清理、打扫舍内的粪便、垫草等污物;然后,用水冲刷,再用 2%～3% 的火碱水对猪栏等进行喷洒消毒;一天后再用清水冲洗并晾干。墙壁可用 20% 石灰乳粉刷。此外,日常要定期进行带猪消毒。

2. 合理分群

育肥猪一般按体重大小、强弱、性别等进行分群。个体之间的体重差在小猪阶段应不超过 4～5 kg,中猪阶段不超过 7～10 kg。育肥猪分群后 2～3 d 内的管理要加强,尽量减少它们之间的争斗。因为每一次重新分群后,往往会发生频繁的个体间争斗,并且大约需一周左右的时间才能建立起新的比较稳定的群居秩序。所以重新分群后,猪在一周内很少会增重。

3. 饲养密度与群体大小

饲养密度过大,会增加个体间的冲突,舍内的空气质量也较差,同时猪的活动空间减小,还会增加患病的概率;饲养密度过小,会降低圈舍及设备的利用率。综合考虑育肥猪的生产水平、圈舍及设备利用率,在实体地面饲养时,若猪的体重为 20～45 kg,则每头猪需 0.3～0.4 m² 活动空间;体重为 45～70 kg,需 0.5～0.8 m²;体重为 70～100 kg,需 0.9～1.2 m²。在温度适宜、通风良好的情况下,每圈以 10～20 头猪为宜。

4. 调教

调教可以使猪养成采食、卧睡、排泄"三点定位"的习惯。

5. 保持适宜的温、湿度和光照、清新空气

猪舍温度要保持在 15～25 ℃。环境温度低于下限临界值时,猪的采食量会增加,饲料利用率则会降低;温度过高时,猪需要提高呼吸频率来散热,同时食欲会降低,采食量和增重速度也会下降。

湿度对猪的影响远小于温度,但空气湿度过大会促进微生物的繁殖,容易引起猪生病。因此,猪

舍应保持干燥,相对湿度以 45% ~75% 为宜。

舍内空气污浊会降低猪的食欲,并会导致猪呼吸系统疾病的发生。

光照对育肥猪的增重、饲料利用、胴体品质及健康状况的影响不大,但是,强光会影响猪的休息和睡眠,从而影响其生长发育。因此,育肥舍的光照只要满足了饲养管理人员的操作和猪的采食即可。

(三)科学配制饲粮并进行合理饲养

1.饲粮的营养水平

生长肥育猪饲粮应根据生长肥育猪的饲养标准进行配制。综合考虑猪的增重速度、饲料利用率和胴体瘦肉率,适宜的饲粮能量浓度为 11.9 ~13.3 兆焦/千克消化能;蛋白质水平于猪的体重在60 kg以前为 15% ~ 18%,以后为 12% ~15%。需要特别指出的是,猪对粗纤维的消化利用率很低。因此,为保证饲粮良好的适口性和较高的消化率,生长肥育猪饲粮中粗纤维的含量应控制在 6% ~8%。那些试图将玉米秸、稻草等作物的秸秆粉碎后加水、发酵剂或生物制作剂,经发酵后喂猪的说法纯属无稽之谈。因为猪是单胃杂食动物,胃中没有能分解粗纤维的微生物,并且其消化系统也不能分泌纤维分解酶。

2.饲粮的配制

有坚硬种皮或软壳的饲粮在饲喂前应予粉碎,以利于猪的采食和消化。配制生长猪饲粮时,粉碎细度以微粒直径 1 ~2 mm 为宜;肥育猪则以 2 ~3 mm 为宜。因为饲粮过细会使猪造成胃溃疡。当饲粮中含有部分青饲料时,粉碎细度可以稍小些。

配制好的干粉料可直接用于饲喂(干喂),也可按料水比例1∶1 进行混合(加水后手握成团,松手散开),调制成潮拌料或湿拌料后饲喂(湿喂)。注意:夏季,饲料需要防止腐败变质。

3.饲喂方法

生长肥育猪的饲喂可采用自由采食或顿喂的方法。饲喂次数应根据猪的体重和饲粮组成来调整。随着猪体重的增加和消化能力的增强,饲喂次数应降低:体重为 20 ~35 kg 时,每天宜饲喂 4 次;35 ~60 kg 时,每天宜饲喂 3 次;60 kg 以后,每天可饲喂 2 次。

顿喂通常采用饲槽进行,但要防止饲料浪费,以及剩余的饲料发霉变质。

地面撒喂饲料的饲喂方式损失较大,并且饲料易受污染。因此,这种饲喂方式虽减少了设备投资,并且日常操作较为简便,但往往得不偿失。

4.供给充足洁净的饮水

生长肥育猪需要充足洁净的饮水。饮水设备以自动饮水器为好,也可设水槽,但要保持槽内的饮水充足而洁净。

(四)选择适宜的出栏体重

1.影响出栏体重的因素

不同地区、不同阶层、不同饮食习惯的消费者,对猪肉品质的要求也不同,因此市场上猪肉的供求状况,影响着育肥猪出栏体重。育肥猪的出栏体重与猪场的经济效益密切相关。因此,确定育肥猪适宜的出栏体重,可以为猪场实现经济效益的最大化。

2. 适宜的出栏体重

综合考虑以上因素,我国地方猪种适宜的出栏体重为 75~80 kg,培育猪种为 80~90 kg,引入猪种为 100~110 kg。

二、无公害猪生产

无公害猪是指采用无公害、无残留、无激素的饲料添加剂,以及规范的兽药品种与用量等,生产出来的育肥猪。其肉重金属、抗生素含量低,并且不含激素,达到了国家无公害标准。

无公害猪生产应涵盖养猪生产的全过程,即从场址选择、猪种引进、饲养管理、环境处理到屠宰加工等各方面,都要严格执行国家的相关规定和标准。

(一)选择无公害猪生产基地

猪场必须选在生态环境良好,并距干线公路、铁路和居民区 1 km 以上的地方。同时,距猪场 3 km 内无大型化工、皮革、肉品加工厂或其他污染源。此外,猪场不可以选在地方病高发区。

猪场要地势高燥,并且排水良好。猪场周围应设有围墙和防疫沟,并建有绿化带。

(二)引进健康猪种

种猪或肉用仔猪要从非疫区且达到无公害标准的猪场引进,并按《种畜禽调运检疫技术规范》(GB 16567-1996)标准进行检疫。引进的猪要予以隔离观察 15~30 d,待确定无疫后再进场饲养。

(三)控制饲料品质

猪场使用的饲料及其添加剂要符合《无公害食品　生猪饲养饲料使用准则》(NY 5032-2001)的规定。与饲料相关的一切物品都要定点采购,并经饲料质检部门检验。饲料中重金属、违禁药物、黄曲霉毒素的含量要符合标准。更换饲料要做好记录。在饲养中,会有激素的物质、催眠镇静药、肾上腺素类药等,严禁使用;出栏前,猪应采食严格按休药期规定的无药饲料。

(四)保证猪场水质

猪的饮用水应符合《无公害食品　畜禽饮用水水质》(NY 5027-2001)标准,并要经常对饮水设备进行清洗消毒,以避免病原体滋生。

(五)控制猪舍环境条件

猪舍环境要按《畜禽场环境质量标准》(NY/T 388-1999)进行控制,以便给猪创造适宜的环境。

(六)坚持预防为主、防治结合的原则

猪场应采用"全进全出"的饲养管理模式,按照《中华人民共和国动物防疫法》和《中、小型集约化养猪场兽医防疫工作规程》(GB/T 17823-1999)的有关规定,建立隔离区,实施灭鼠、灭蚊、灭蝇工作,严禁其他家畜、家禽入内。饲养人员每年必须检查身体。凡患有肝炎、布鲁氏菌病、结核等传染病者,不得从事养猪生产。

猪的定期免疫和驱虫要按照疫病防治和寄生虫控制程序进行,并且疫苗和药品必须是来源于兽

医部门的合格新品。猪场周围、猪舍和用具应予定期进行消毒。病猪应予及时进行隔离治疗,并严禁销售。发生传染病时,疫情必须在 24 h 内上报当地畜牧主管部门。

病猪的治疗,应按照《无公害食品　生猪饲养兽药使用准则》(NY 5030 - 2001)所规定的药物和用法进行。为防止药物残留,育肥猪出栏前 15 ~ 20 d,必须停止一切用药。

(七)防止屠宰加工污染

按照《畜禽屠宰卫生检疫规范》(NY 467 - 2001)、《食品卫生微生物学检验　肉与肉制品检验》(GB 4789.17 - 2003)、《肉类加工厂卫生规范》(GB 12694 - 1990)的要求,加工场所必须进行严格消毒,保持清洁卫生,达到国家标准;所有器具不允许有清洁剂残留,必须进行彻底消毒;工作人员必须定期检查身体,不允许有传染病的人上岗,以防止二次污染。

处理患恶性传染病的猪,要采取不放血的方法将其屠宰后再销毁,并按照《病害动物和病害动物产品生物安全处理规程》(GB 16548 - 2006)的规定,对检出的病变组织和脏器进行销毁、化制和高温处理。

(八)做好猪粪尿及废弃物的无害化处理

猪的粪尿和废弃物应予进行固液分离、发酵降解处理。这样既可利用其产物生产固、液体有机肥料,又能降低污染、净化环境。

三、有机猪生产

生产过程中不使用农药、化肥、激素、添加剂、色素和防腐剂等化学物质以及基因工程技术,符合国家食品卫生标准和有机食品技术规范要求,经国家有机食品认证机构认证并许可使用有机食品标志的猪即为有机猪。

(一)使用有机饲料

有机饲料的原料要来自于有机农业生产基地,并在收获、干燥、贮存和运输过程中未受化学物质的污染。在猪场实行有机管理的第一年,猪场自产的饲料(按照有机食品要求)可以作为有机饲料饲养本场的猪,但不能作为有机饲料出售。按照南京国环有机产品认证中心(OFDC)认证标准,有机饲料中可以选用天然矿物质和维生素添加剂,不能以任何形式使用人工合成添加剂;可以选用一些酶制剂、寡聚糖和中草药等作为饲料添加剂,来提高有机猪的日增重和饲料转化率,以及增强猪体的免疫功能。

(二)选好猪种

有机猪猪种应来自于有机种猪场。若必须从常规种猪场引进,则要有 4 个月的转换期,并在引入后严格按照有机方式饲养。

(三)控制猪场内外环境

猪场所在地的大气、水和土壤要接受质量检测。只有在三项综合污染指数都符合 OFDC 标准的前提下,猪场才可经营。

猪场要建立生物安全体系,在猪场周围种植 5～10 m 宽的树林,以控制场内空气中的有害气体和尘埃。建造猪舍所使用的建筑材料和设备应对猪无害。猪栏内应设有运动场,以保证猪有一定的活动空间。猪舍要保持空气流通、自然光线充足。

猪场必须重视对于污水的处理,以使猪场具备良好的生态环境,从而有利于猪的健康。

(四)关注猪群健康

猪场要有完整的防疫体系,并选用 OFDC 允许的清洁剂或消毒剂对猪舍进行消毒,以及灭杀老鼠、蚊蝇等有害动物,同时严禁饲养犬、猫等动物。隔离治疗病猪时若使用了常规兽药,则须经过该药降解期的 2 倍时间之后,才可让猪出栏。

(五)重视猪群福利

饲养有机猪要尽可能地满足猪的生理和行为需要,保证各阶段的猪都能拱土、拱垫料等,并有一定的活动空间。同时,要加强动物福利,避免剪牙、断尾、并栏等工作。

四、猪肉品质的评定

现在常用的关于猪肉品质的概念是由霍夫曼提出的,主要包括感官特性、营养价值状况等。同时,猪肉品质的研究还受到两个复杂因素的影响。

首先,猪肉品质的评价涉及许多指标,并且有些指标的定义尚不明确,因此难以客观地进行测定。目前,常用的猪肉品质评价的指标主要有肉色、肌内脂肪、滴水损失、系水力、嫩度、风味等。

其次,影响猪肉品质的因素有很多,而生产者对于其中的有些因素是无法控制的。

(一)肉色

肌红蛋白的含量和化学状态决定了肉的颜色。肉色的评定部位为胸腰椎接合处背最长肌横断面;评定方法是将新鲜肉样(宰后 1～2 h)或冷却肉样(宰后 24 h),放在室内于白天正常光照下进行评定。

(二)嫩度

嫩度由肌肉中各种蛋白质结构所决定。猪的品种、年龄、肌肉部位以及屠宰方法等都会影响肉的嫩度。肉嫩度的客观评定需要借助仪器来衡量,其指标包括切断力、穿透力、咬力、剁碎力等。切断力又称剪切力,即用一定钝度的刀切断一定粗细的肉样所需的力量,以牛顿(N)为单位。

(三)系水力

系水力指肉保持原有水分的能力。如果肌肉的保水性能差,那么在猪被屠宰到肉被烹调的这一段时间内,肉会因失水而失重,以致造成经济损失。肉的 pH 值对系水力影响很大,当 pH 值降到蛋白质的等电点(5.3)时,肌肉系水力最小。常用的肌肉系水力测定方法不施加任何外力,如滴水法。

(四)肌内脂肪含量

肌内脂肪含量指肌肉组织内脂肪的含量。富含适量肌内脂肪的肌肉,多汁性、嫩度和口感都很好。

（五）风味

风味包括肉的气味和味道,主要由肉中的碳水化合物和蛋白质及二者的降解产物在受热过程中发生反应而产生。肉的风味是多种因素共同作用的结果,因此主要靠专家的品尝来评定。

（六）pH 值

pH 值是反映屠宰后猪体肌糖原酵解率的重要指标,宰后 45～60 min 猪肉的 pH 值是区分正常和异常肉质的重要指标。猪肉的 pH 值多用 pH 计直接测定。猪被屠宰后,猪体由有氧代谢转变为无氧代谢并产生乳酸。乳酸的积累可导致肌肉 pH 值的降低,从而使肌肉呈酸性。肌肉呈酸性会导致肌肉蛋白质变性,使肌肉系水力降低以及颜色变为灰色,而这正是形成 PSE 猪肉的重要机制。

嫩度、肉色等是影响猪肉食用品质的重要因素,而这些因素主要取决于动物或胴体内的一些代谢和生物学现象。为此,养猪生产必须符合消费者和新的潜在市场的需求。随着生活水平的日益提高,人们对肉的营养和食用品质的要求也在不断提高。我们相信,科技水平的进一步提高,必将使营养性调控猪肉品质变得更直接、更有效,从而更好地满足消费者的需求。

【项目测试】

1. 简述影响育肥猪出栏体重的因素及适宜的出栏体重。

2. 育肥猪生产有哪些特点?

3. 无公害猪和有机猪生产的关键技术有哪些?

附 录

附录1 家畜饲养工国家职业标准

1. 职业概况

1.1 职业名称

家畜饲养工。

1.2 职业定义

从事家畜和特种畜类的喂养、护理、放牧、调教和饲料调制的人员。

1.3 职业等级

本职业共设五个等级,分别为:初级(国家职业资格五级)、中级(国家职业资格四级)、高级(国家职业资格三级)、技师(国家职业资格二级)、高级技师(国家职业资格一级)。

1.4 职业环境

室内外,常温。

1.5 职业能力特征

具有一定的学习能力、判断能力和计算能力,手指、手臂灵活,动作协调,嗅觉、色觉正常。

1.6 基本文化程度

初中毕业。

1.7 培训要求

1.7.1 培训期限

全日制职业学校教育,根据其培养目标和教学计划确定。晋级培训期限:初级不少于180标准学时;中级不少于150标准学时;高级不少于120标准学时;技师不少于90标准学时;高级技师不少于60标准学时。

1.7.2 培训教师

培训初、中级的教师应具有本职业高级职业资格证书或本专业中级以上专业技术职务任职资格;培训高级的教师应具有本职业技师职业资格证书或本专业中级以上专业技术职务任职资格;培训技师的教师应具有本职业高级技师职业资格证书或本专业高级专业技术职务任职资格;培训高级技师的教师应具有本职业高级技师职业资格证书3年以上或本专业高级专业技术职务任职资格。

1.7.3 培训场地设备

要有满足教学需要的标准教室,具备常规教学用具和设备的实验室和场地。

1.8 鉴定要求

1.8.1 适用对象

从事或准备从事本职业的人员。

1.8.2 申报条件

——初级(具备以下条件之一者)

(1)经本职业初级正规培训达规定标准学时数,并取得结业证书。

(2)在本职业连续见习工作1年以上。

(3)本职业学徒期满。

——中级(具备以下条件之一者)

(1)取得本职业初级职业资格证书后,连续从事本职业工作2年以上,经本职业中级正规培训达规定标准学时数,并取得结业证书。

(2)取得本职业初级职业资格证书后,连续从事本职业工作3年以上。

(3)连续从事本职业工作5年以上。

(4)取得经劳动保障行政部门审核认定的、以中级技能为培养目标的中等职业学校本专业毕业证书。

——高级(具备以下条件之一者)

(1)取得本职业中级职业资格证书后,连续从事本职业工作3年以上,经本职业高级正规培训达规定标准学时数,并取得结业证书。

(2)取得本职业中级职业资格证书后,连续从事本职业工作4年以上。

(3)取得经劳动保障行政部门审核认定的、以高级技能为培养目标的高等职业学校本专业毕业证书。

(4)大专以上本专业或相关专业毕业生从事本职业工作1年以上。

——技师(具备以下条件之一者)

(1)取得本职业高级职业资格证书后,连续从事本职业工作3年以上,经本职业技师正规培训达规定标准学时数,并取得结业证书。

(2)取得本职业高级职业资格证书后,连续从事本职业工作5年以上。

(3)取得本职业高级职业资格证书的高等职业学校本专业毕业生和大专以上本专业或相关专业的毕业生,连续从事本职业工作2年以上。

——高级技师(具备以下条件之一者)

(1)取得本职业技师职业资格证书后,连续从事本职业工作3年以上,经本职业高级技师正规培训达规定标准学时数,并取得结业证书。

(2)取得本职业技师职业资格证书后,连续从事本职业工作5年以上。

1.8.3 鉴定方式

分理论知识考试和技能操作考核。理论知识考试采用闭卷笔试方式,技能操作考核采用模拟或现场实际操作方式。理论知识考试和技能操作考核均实行百分制,成绩皆达60分以上者为合格。技师、高级技师还须进行综合评审。

1.8.4 考评人员与考生配比

理论知识考试考评人员与考生配比为 1∶15，每个标准教室不少于 2 名考评人员；技能操作考核考评员与考生配比为 1∶5，且不少于 3 名考评员。综合评审委员不少于 5 人。

1.8.5 鉴定时间

理论知识考试时间为 90 分钟；技能操作考核时间：初级、中级、高级不少于 45 分钟，技师、高级技师不少于 60 分钟。综合评审时间不少于 45 分钟。

1.8.6 鉴定场所

理论知识考试在标准教室进行；技能操作考核在工作现场进行，并配备符合相应等级考核所需的家畜、设备和用具等。

2. 基本要求

2.1 职业道德

2.1.1 职业道德基本知识

2.1.2 职业守则

(1)遵纪守法，爱岗敬业。
(2)尊重科学，规范操作。
(3)工作积极，安全生产。
(4)团结合作，厉行节约。
(5)爱护家畜，保护环境。

2.2 基础知识

2.2.1 专业基础知识

(1)家畜营养与饲料知识。
(2)家畜品种知识。
(3)家畜解剖生理知识。
(4)家畜繁殖知识。
(5)家畜环境卫生知识。
(6)家畜饲养管理知识。
(7)家畜饲养设备知识。
(8)家畜卫生防疫知识。
(9)家畜无公害生产知识。

2.2.2 相关法律、法规知识

(1)《中华人民共和国劳动法》的相关知识。
(2)《中华人民共和国动物防疫法》的相关知识。
(3)种畜禽管理条例及相关知识。

（4）兽药管理条例及相关知识。

（5）饲料添加剂使用规范及相关知识。

3.工作要求

本标准对初级、中级、高级、技师和高级技师的技能要求依次递进,高级别涵盖低级别的要求。

3.1 初级

职业功能	工作内容	技能要求	相关知识
一、家畜的饲养	（一）饲料调制	1.能识别饲料原料和配合饲料 2.能分类保管、使用饲料	1.饲料原料和配合饲料种类 2.饲料分类保管、使用知识
	（二）饲喂技术	1.能清理、洗刷、使用喂饮器具 2.能给幼畜喂乳、开食、补饲 3.能给家畜喂饲、饮水	1.喂饮设备使用知识 2.幼畜喂乳、开食、补饲知识 3.家畜饲养技术规程
二、家畜的管理	（一）生产准备	1.能清理保持畜舍及设施卫生 2.能准备畜舍生产用具及设备	1.畜舍及设施卫生知识 2.畜舍生产用具及设备种类
	（二）畜舍环境控制	1.能使用环境控制设备调控舍内温度和湿度 2.能进行舍内通风,清除有害气体	1.家畜环境卫生知识 2.畜舍环境控制设备使用知识
	（三）生产阶段管理	1.能称测家畜体重、体尺 2.能识别发情、妊娠、临产母畜 3.能挤奶[1] 4.能剪毛、抓绒[2] 5.能填写家畜生产记录	1.称测家畜体重、体尺知识 2.母畜发情、妊娠、临产表现知识 3.挤奶、剪毛、抓绒知识 4.生产记录内容及填写知识
	（四）家畜产品收集、保管	1.能感官鉴别鲜乳品质,保管鲜乳 2.能分级保管羊毛、羊绒	1.鲜乳卫生知识 2.羊毛、羊绒分级保管知识

续表

职业功能	工作内容	技能要求	相关知识
三、家畜疫病防治	(一)养畜场卫生控制	1.能区分养畜场各区域功能 2.能对饮水、畜舍、用具、畜体、车辆和人员进行消毒 3.能清理畜粪及废弃物并进行堆积处理	1.养畜场建筑与合理布局知识 2.养畜场常用消毒方法 3.喷雾器的使用知识 4.畜粪及废弃物堆积处理知识
	(二)家畜疫病预防	1.能区分健康家畜和病畜 2.能进行投药操作 3.能进行驱虫操作	1.病畜临床表现 2.体温计使用知识 3.药物使用知识

注:[1] 该项为牛、羊生产人员技能要求;[2] 该项为羊生产人员技能要求

3.2　中级

职业功能	工作内容	技能要求	相关知识
一、家畜的饲养	(一)饲料调制	1.能选定各生产阶段适用的配合饲料 2.能制作青干草和青贮饲料 3.能对秸秆饲料进行氨化或碱化处理	1.家畜各生产阶段饲料需要知识 2.青干草和青贮饲料制作技术 3.秸秆饲料氨化、碱化知识
	(二)饲喂技术	1.能感官判断饲料和饮用水的质量 2.能给幼畜断奶 3.能确定家畜饲喂次数和饲喂间隔 4.能按季节和生产阶段调整日粮	1.饲料和饮用水感官检验知识 2.幼畜断奶知识 3.家畜各生产阶段消化生理和营养需要知识

续表

职业功能	工作内容	技能要求	相关知识
二、家畜的管理	(一)生产准备	1. 能安装畜舍生产设备 2. 能维护畜舍生产设备	1. 生产设备安装知识 2. 生产设备工作原理
	(二)畜舍环境控制	1. 能安装、调试畜舍环境调控设施设备 2. 能使用仪表检测畜舍卫生指标	1. 畜舍环境控制设施设备安装、调试知识 2. 畜舍环境卫生要求
	(三)生产阶段管理	1. 能推算母畜预产期,准备产房 2. 能护理初生幼畜 3. 能给幼畜编号和分群 4. 能给幼畜去角[3] 5. 能给幼畜断尾[4] 6. 能调教家畜纠正恶癖	1. 母畜预产期推算知识 2. 产房环境条件要求 3. 初生幼畜护理常识 4. 编号、去角、修蹄、断尾和分群知识 5. 家畜恶癖种类
	(四)家畜产品收集、保管	1. 能分析查明鲜乳变质原因 2. 能对羊毛、绒进行分级 3. 能安排肉用家畜出栏时间	1. 鲜乳变质的因素 2. 羊毛、羊绒的分级标准 3. 肉用家畜肥育知识
三、家畜疫病防治	(一)养畜场卫生控制	1. 能隔离养畜场各区域 2. 能稀释、配制常用消毒剂 3. 能操作污染物排放设备排放污染物 4. 能防止鼠害、鸟害污染饲料和饮水	1. 养畜场各区域隔离知识 2. 常用消毒剂稀释、配制知识 3. 污染物排放设备使用知识 4. 鼠害、鸟害污染饲料和饮水预防知识
	(二)家畜疫病预防	1. 能处理患传染病家畜 2. 能护理病畜 3. 能进行免疫接种 4. 能防止和减缓生产应激	1. 患传染病家畜的处理知识 2. 病畜护理知识 3. 家畜免疫知识 4. 防止和减缓生产应激知识

注:[3] 该项为牛、羊生产人员技能要求;[4] 该项为羊生产人员技能要求

3.3　高级

职业功能	工作内容	技能要求	相关知识
一、家畜的饲养	（一）饲料调制	1. 能按配方配制日粮 2. 能按季节和生产阶段调整日粮配方	1. 日粮配制知识 2. 家畜营养需要知识
	（二）饲喂技术	1. 能制定喂饮器具的安全使用措施 2. 能制定幼畜哺乳、补饲、断奶方案 3. 能实施肉用家畜肥育措施 4. 能确定家畜日粮消耗量	1. 喂饮设备的使用原理 2. 幼畜消化生理知识 3. 家畜肥育知识 4. 家畜日粮需要知识
二、家畜的管理	（一）生产准备	1. 能制定家畜管理操作日程 2. 能检修生产设备	1. 家畜生产管理知识 2. 生产设备维护及检修知识
	（二）畜舍环境控制	1. 能检修畜舍环境调控设备 2. 能分析舍内环境卫生不良的原因	1. 畜舍环境控制设备工作原理 2. 影响畜舍环境卫生的因素
	（三）生产阶段管理	1. 能制定各阶段生产计划 2. 能统计各种生产记录	1. 家畜各阶段生产特点 2. 畜牧生产记录资料统计知识
三、家畜疫病防治	（一）养畜场卫生控制	1. 能制定养畜场各区域隔离措施 2. 能选定适用的消毒方法 3. 能制定畜粪及废弃物处理方案 4. 能维护排放污染物的设施、设备 5. 能消毒处理饮用水源	1. 养畜场卫生防疫知识 2. 畜粪及废弃物处理方法 3. 排放污染物的设施、设备工作原理及维护知识 4. 饮用水源消毒处理知识
	（二）家畜疫病预防	1. 能对家畜采取保健措施 2. 能确定免疫用疫苗及使用方法 3. 能分析家畜生产中应激产生的原因	1. 家畜卫生要求 2. 家畜疫病防治知识 3. 家畜疫苗使用知识 4. 生产中应激因素种类

3.4 技师

职业功能	工作内容	技能要求	相关知识
一、家畜的饲养	（一）饲料调制	1.能设计饲料配方 2.能选定适用的饲料原料 3.能制定饲料需求计划	1.饲料配方设计知识 2.饲料的营养特性 3.家畜对饲料的需求知识
	（二）饲喂技术	1.能制定家畜肥育措施 2.能检查饲喂效果 3.能制定饲料品质控制措施	1.家畜生长发育规律及肥育知识 2.家畜饲喂效果检查知识 3.饲料卫生标准
二、家畜的管理	（一）生产准备	1.能确定家畜饲养管理方式 2.能改进生产设备 3.能设计畜舍建筑结构	1.家畜标准化饲养管理知识 2.生产设备工作原理 3.畜舍建筑知识
	（二）畜舍环境控制	1.能改进畜舍环境调控设施设备 2.能制定改善畜舍环境方案	1.畜舍环境控制设备工作原理 2.畜舍环境要求
	（三）生产阶段管理	1.能制定养畜场生产计划 2.能分析各种生产记录资料	1.家畜生产知识 2.生物统计知识
三、家畜疫病防治	（一）养畜场卫生控制	1.能制定养畜场卫生综合治理措施 2.能选定适用的消毒剂 3.能制定养畜场污染物净化排放措施	1.家畜环境卫生知识 2.消毒剂的消毒机理和效果 3.畜禽养殖业污染物排放标准
	（二）家畜疫病预防	1.能制定家畜的保健措施 2.能制定预防性投药和驱虫方案 3.能制定免疫接种计划 4.能制定减缓家畜生产应激的措施	1.家畜卫生保健知识 2.兽用禁用药和限用药名录 3.家畜免疫接种知识 4.生产应激因素发生条件
四、培训指导	培训指导	1.能对本级以下人员进行家畜饲养管理理论知识培训 2.能对本级以下人员进行家畜饲养管理技术实际操作培训	1.家畜饲养管理基础知识及实际操作技术 2.家畜无公害生产技术知识及实际操作技术

3.5 高级技师

职业功能	工作内容	技能要求	相关知识
一、家畜的饲养	(一)饲料调制	1. 能分析评定饲料配方 2. 能评价饲料营养价值 3. 能开发利用饲料资源	1. 饲料配方分析评定方法 2. 饲料营养价值评价知识 3. 饲料营养与科学利用知识
	(二)饲喂技术	1. 能制定各生产阶段的饲养方案 2. 能设计饲养试验方案 3. 能审核饲养工艺流程	1. 家畜各生产阶段的饲养原则 2. 饲养试验方案设计方法 3. 饲养工艺流程知识
二、家畜的管理	(一)生产准备	1. 能设计中小型养畜场布局 2. 能制定家畜新品种的引进和饲养管理计划 3. 能转化应用高新畜牧技术成果	1. 养畜场建设知识 2. 家畜新品种引进的基本要求 3. 畜牧技术成果转化知识
	(二)畜舍环境调控	1. 能设计畜舍控温和控湿设施 2. 能设计畜舍通风换气设施	1. 养畜场温度和湿度控制标准 2. 养畜场有害气体含量指标
	(三)生产阶段管理	1. 能制定影响生产的补救措施 2. 能解决生产中的突发事件	1. 生产损失补救办法 2. 突发事件处理办法
三、家畜疫病防治	(一)养畜场卫生控制	1. 能审核养畜场卫生综合治理措施 2. 能制定水源安全利用和处理措施 3. 能制定卫生消毒方案 4. 能审核养畜场污染物净化排放措施	1. 养畜场卫生管理知识 2. 畜禽饮用水水质标准 3. 水源安全知识 4. 养畜场卫生消毒知识
	(二)家畜疫病预防	1. 能审核免疫计划 2. 能制定发生传染病时紧急防治措施	1. 家畜疫病的预防原则和方法 2. 传染病知识
四、培训指导	培训指导	1. 能对本级以下人员进行家畜饲养管理理论知识和技术操作培训 2. 能针对家畜饲养的国内外发展动态进行培训	国内外家畜饲养发展动态

4.比重表

4.1 理论知识

项目		初级 （%）	中级 （%）	高级 （%）	技师 （%）	高级 技师 （%）
基本 要求	职业道德	5	5	5	5	5
	基础知识	20	20	20	15	15
相 关 知 识	家畜的饲养	饲料调制	10	10	10	10	10
		饲喂技术	15	15	15	10	10
	家畜的管理	生产准备	5	5	5	5	5
		畜舍环境控制	10	10	10	10	10
		生产阶段管理	20	20	20	15	15
		家畜产品收集、 保管	5	5	—	—	—
	家畜疫病防治	养畜场卫生控制	5	5	10	10	10
		家畜疫病预防	5	5	5	10	10
	培训指导	培训指导	—	—	—	10	10
合计		100	100	100	100	100

4.2　技能操作

项目			初级 (%)	中级 (%)	高级 (%)	技师 (%)	高级 技师 (%)
技能要求	家畜的饲养	饲料调制	10	10	10	10	10
		饲喂技术	23	23	23	13	13
	家畜的管理	生产准备	10	10	10	10	10
		畜舍环境控制	5	5	5	5	5
		生产阶段管理	22	22	22	22	22
		家畜产品收集、保管	5	5	—	—	—
	家畜疫病防治	养畜场卫生控制	15	15	15	15	15
		家畜疫病预防	10	10	15	15	15
	培训指导	培训指导	—	—	—	10	10
合计			100	100	100	100	100

附录2 猪的饲养标准

一、瘦肉型猪饲养标准(GB 8471 - 1987)

附表2 - 1 生长肥育猪每头每日营养需要量

项目	体重阶段/kg					
	1 ~ 5	5 ~ 10	10 ~ 20	20 ~ 35	35 ~ 60	60 ~ 90
预期日增重/g	160	280	420	500	600	750
采食风干料/kg	0.20	0.46	0.91	1.60	1.81	2.87
消化能/MJ	3.35	7.00	12.60	20.75	23.48	36.02
代谢能/MJ	3.20	6.70	12.10	19.96	22.57	34.60
粗蛋白/g	54	101	173	256	290	402
赖氨酸/g	2.80	4.60	7.10	12.00	13.60	18.08
蛋氨酸 + 胱氨酸/g	1.60	2.70	4.60	6.10	6.90	9.20
苏氨酸/g	1.60	2.70	4.60	7.20	8.20	10.90
异亮氨酸/g	1.80	3.10	5.00	6.60	7.40	9.80
钙/g	2.00	3.80	5.80	9.60	10.90	14.40
磷/g	1.60	2.90	4.90	8.00	9.10	11.50
食盐/g	0.50	1.20	2.10	3.70	4.20	7.20
铁/mg	33	67	71	96	109	144
锌/mg	22	48	71	176	199	258
铜/mg	1.30	2.90	4.50	7.00	7.90	10.80
锰/mg	0.90	1.90	2.70	3.50	3.90	2.20
碘/mg	0.03	0.07	0.13	0.22	0.25	0.40
硒/mg	0.03	0.08	0.13	0.42	0.47	0.80
维生素 A/IU	480	1 060	1 560	1 970	2 230	3 520
维生素 D/IU	50	105	179	302	342	339
维生素 E/IU	2.40	5.10	10.00	16.00	18.00	29.00
维生素 K/IU	0.44	1.00	2.00	3.20	3.60	5.70
维生素 B_1/IU	0.30	0.60	1.00	1.60	1.80	2.90
维生素 B_2/IU	0.66	1.40	2.60	4.00	4.50	6.00

续表

项目	体重阶段/kg					
	1~5	5~10	10~20	20~35	35~60	60~90
烟酸/IU	4.80	10.60	16.40	20.80	23.50	25.80
泛酸/IU	3.00	6.20	9.80	16.00	18.00	28.70
生物素/IU	0.03	0.05	0.09	0.14	0.16	0.26
叶酸/IU	0.13	0.30	0.54	0.91	1.03	1.60
维生素 B_{12}/μg	4.80	10.60	13.70	16.00	18.00	29.00

注:磷的给量中应有30%无机磷或动物性饲料的磷

附表2-2　生长肥育猪每千克饲粮养分含量

项目	体重阶段/kg				
	1~5	5~10	10~20	20~60	60~90
消化能/MJ	16.74	15.15	13.85	12.97	12.55
代谢能/MJ	16.07	14.56	13.31	12.47	12.05
粗蛋白质/%	27	22	19	16	14
赖氨酸/%	1.40	1.00	0.78	0.75	0.63
蛋氨酸＋胱氨酸/%	0.80	0.59	0.51	0.38	0.32
苏氨酸/%	0.80	0.59	0.51	0.45	0.38
异亮氨酸/%	0.90	0.67	0.55	0.41	0.34
钙/%	1.00	0.83	0.64	0.60	0.50
磷/%	0.80	0.63	0.54	0.50	0.40
食盐/%	0.25	0.26	0.23	0.23	0.25
铁/mg	165	146	78	60	50
锌/mg	110	104	78	110	90
铜/mg	6.50	6.30	4.90	4.36	3.75
锰/mg	4.50	4.10	3.00	2.18	2.50
碘/mg	0.15	0.15	0.14	0.14	0.14
硒/mg	0.15	0.17	0.14	0.26	0.28
维生素 A/IU	2 400	2 300	1 700	1 250	1 250
维生素 D/IU	240	230	200	190	120
维生素 E/IU	12	11	11	10	10
维生素 K/mg	2.20	2.20	2.20	2.00	2.00
维生素 B_1/mg	1.50	1.30	1.10	1.00	1.00
维生素 B_2/mg	3.30	3.10	2.90	2.50	2.10

续表

项目	体重阶段/kg				
	1～5	5～10	10～20	20～60	60～90
烟酸/mg	24	23	18	13	9
泛酸/mg	15.00	13.40	10.80	10.00	10.00
生物素/mg	0.15	0.11	0.10	0.09	0.09
叶酸/mg	0.65	0.68	0.59	0.57	0.57
维生素 B_{12}/μg	24	23	15	10	10

附表 2－3　后备母猪每头每日营养需要量

项目	体重阶段/kg		
	20～35	35～60	60～90
预期日增重/g	400	480	500
采食风干料/kg	1.26	1.80	2.39
消化能/MJ	15.82	22.21	29.00
代谢能/MJ	15.19	21.34	27.82
粗蛋白质/g	202	252	311
赖氨酸/g	7.8	9.5	11.5
蛋氨酸＋胱氨酸/g	5.0	6.3	8.1
苏氨酸/g	5.0	6.1	7.4
异亮氨酸/g	5.7	6.8	8.1
钙/g	7.6	10.8	14.3
磷/g	6.3	9.0	12.0
食盐/g	5.0	7.2	9.6
铁/mg	67	79	91
锌/mg	67	79	91
铜/mg	5.0	5.4	7.2
锰/mg	2.5	3.6	4.8
碘/mg	0.18	0.25	0.35
硒/mg	0.19	0.27	0.36
维生素 A/IU	1 460	2 020	2 650
维生素 D/IU	220	234	275
维生素 E/IU	13	18	24
维生素 K/mg	2.5	3.6	4.8

续表

项目	体重阶段/kg		
	20 ~ 35	35 ~ 60	60 ~ 90
维生素 B_1/mg	1.3	1.8	2.4
维生素 B_2/mg	2.9	3.6	4.5
烟酸/mg	15.1	18.0	21.5
泛酸/mg	13.0	18.0	24.0
生物素/mg	0.11	0.16	0.22
叶酸/mg	0.6	0.9	1.2
维生素 B_{12}/μg	13	18	24

注:后备公猪应在此数值基础上增加 10% ~ 20%

附表 2 - 4　后备母猪每千克饲粮中养分含量

项目	体重阶段/kg		
	20 ~ 35	35 ~ 60	60 ~ 90
消化能/MJ	12.55	12.34	12.13
代谢能/MJ	12.05	11.84	11.63
粗蛋白质/%	16	14	13
赖氨酸/%	0.62	0.53	0.48
蛋氨酸 + 胱氨酸/%	0.40	0.35	0.34
苏氨酸/%	0.40	0.34	0.31
异亮氨酸/%	0.45	0.38	0.34
钙/%	0.6	0.6	0.6
磷/%	0.5	0.5	0.5
食盐/%	0.4	0.4	0.4
铁/mg	53	44	38
锌/mg	53	44	38
铜/mg	4	3	3
锰/mg	2	2	2
碘/mg	0.14	0.14	0.14
硒/mg	0.15	0.15	0.15
维生素 A/IU	1 160	1 120	1 110
维生素 D/IU	178	130	115
维生素 E/IU	10	10	10

续表

项目	体重阶段/kg		
	20~35	35~60	60~90
维生素 K/mg	2	2	2
维生素 B_1/mg	1.0	1.0	2.0
维生素 B_2/mg	2.3	2.0	1.9
烟酸/mg	12	10	9
泛酸/mg	10	10	10
生物素/mg	0.09	0.09	0.09
叶酸/mg	0.5	0.5	0.5
维生素 B_{12}/μg	10.0	10.0	10.0

附表 2-5　妊娠母猪每头每日营养需要量

项目	体重/kg					
	妊娠前期			妊娠后期		
	90~120	120~150	150 以上	90~120	120~150	150 以上
采食风干料/kg	1.70	1.90	2.00	2.20	2.40	2.50
消化能/MJ	19.92	22.26	23.43	25.77	28.12	29.29
代谢能/MJ	19.12	21.38	22.51	24.75	26.99	28.12
粗蛋白质/g	187	209	220	264	288	300
赖氨酸/g	6.00	6.70	7.00	7.90	8.60	9.00
蛋氨酸+胱氨酸/g	3.20	3.60	3.80	4.20	4.60	4.70
苏氨酸/g	4.80	5.30	5.60	6.20	6.70	7.00
异亮氨酸/g	5.30	5.90	6.20	6.80	7.40	7.80
钙/g	10.4	11.6	12.2	13.4	14.6	15.3
磷/g	8.3	9.3	9.8	10.8	11.8	12.3
食盐/g	5.4	6.1	6.4	7.0	8.0	8.0
铁/mg	111	124	130	143	156	163
锌/mg	71	80	84	92	101	105
铜/mg	7	8	8	9	10	10
锰/mg	14	15	16	18	19	20
碘/mg	0.19	0.21	0.22	0.24	0.26	0.28
硒/mg	0.22	0.25	0.26	0.29	0.31	0.33
维生素 A/IU	5 440	6 100	6 400	7 260	7 920	8 250

续表

项目	体重/kg					
	妊 娠 前 期			妊 娠 后 期		
	90～120	120～150	150以上	90～120	120～150	150以上
维生素 D/IU	270	300	320	350	380	400
维生素 E/IU	14	15	16	18	19	20
维生素 K/mg	2.9	3.2	3.4	3.7	4.1	4.3
维生素 B_1/mg	1.4	1.5	1.6	1.8	2.0	2.4
维生素 B_2/mg	4.3	4.8	5.0	5.5	6.0	6.3
烟酸/mg	14	15	16	18	19	20
泛酸/mg	16.5	18.4	19.4	21.6	32.5	24.5
生物素/mg	0.14	0.15	0.16	0.18	0.20	0.22
叶酸/mg	0.85	0.95	1.00	1.10	1.20	1.30
维生素 B_{12}/μg	20	23	24	29	31	33

附表2-6　妊娠母猪每千克饲粮中养分含量

项目	体重/kg	
	90～150	90～150
	妊娠前期	妊娠后期
消化能/MJ	11.72	11.72
代谢能/MJ	11.25	11.25
粗蛋白质/%	11.0	12.0
赖氨酸/%	0.35	0.36
蛋氨酸＋胱氨酸/%	0.19	0.19
苏氨酸/%	0.28	0.28
异亮氨酸/%	0.31	0.31
钙/%	0.61	0.61
磷/%	0.49	0.49
食盐/%	0.32	0.32
铁/mg	65	65
锌/mg	42	42
锰/mg	8	8
碘/mg	0.11	0.11
硒/mg	0.15	0.15
维生素 A/IU	3 200	3 300
维生素 D/IU	160	160

续表

项目	体重/kg	
	90～150	90～150
	妊娠前期	妊娠后期
维生素 E/IU	8	8
维生素 K/mg	1.7	1.7
维生素 B_1/mg	0.8	0.8
维生素 B_2/mg	2.5	2.5
烟酸/mg	8.0	8.0
泛酸/mg	9.7	9.8
生物素/mg	0.08	0.08
叶酸/mg	0.50	0.50
维生素 B_{12}/μg	12.0	13.0

附表 2-7　哺乳母猪每头每日营养需要量

项目	体重/kg			
	120～150	150～180	180 以上	每增减 1 头仔猪
采食风干料/kg	5.00	5.20	5.30	
消化能/MJ	60.67	63.10	64.31	4.489
代谢能/MJ	58.58	60.67	61.92	4.318
粗蛋白质/g	700	728	742	48
赖氨酸/g	25	26	27	
蛋氨酸＋胱氨酸/g	15.5	16.1	16.4	
苏氨酸/g	18.5	19.2	19.6	
异亮氨酸/g	16.5	17.2	17.5	
钙/g	32.0	33.3	33.9	3.0
磷/g	23.0	23.9	24.4	2.0
食盐/g	22.0	22.9	23.3	2.0
铁/mg	350	364	371	
锌/mg	220	229	233	
铜/mg	22	23	23	
锰/mg	40	42	42	
碘/mg	0.60	0.62	0.64	
硒/mg	0.45	0.47	0.48	

续表

项目	体重/kg			
	120～150	150～180	180 以上	每增减 1 头仔猪
维生素 A/IU	8 500	8 840	9 000	
维生素 D/IU	860	900	920	
维生素 E/IU	40	42	42	
维生素 K/mg	8.5	8.8	9.0	
维生素 B_1/mg	4.5	4.7	4.8	
维生素 B_2/mg	13.0	13.5	13.8	
烟酸/mg	45.0	47.0	48.0	
泛酸/mg	60	62	64	
生物素/mg	0.45	0.47	0.48	
叶酸/mg	2.5	2.6	2.7	
维生素 B_{12}/μg	65	68	69	

注:以上均以 10 头仔猪作为计算基数

附表 2-8　哺乳母猪、种公猪每千克饲粮养分含量

项目	体重/kg	
	120～180(母猪)	90～150(公猪)
消化能/MJ	12.13	12.55
代谢能/MJ	11.72	12.05
粗蛋白质/%	14	12
赖氨酸/%	0.50	0.38
蛋氨酸＋胱氨酸/%	0.31	0.20
苏氨酸/%	0.37	0.30
异亮氨酸/%	0.33	0.33
钙/%	0.64	0.66
磷/%	0.46	0.53
食盐/%	0.44	0.35
铁/mg	70	71
锌/mg	44	44
铜/mg	4.4	5
锰/mg	8	9
碘/mg	0.12	0.12

续表

项目	体重/kg	
	120~180(母猪)	90~150(公猪)
硒/mg	0.09	0.13
维生素 A/IU	1 700	3 500
维生素 D/IU	180	180
维生素 E/IU	8	9
维生素 K/mg	1.7	1.8
维生素 B$_1$/mg	0.9	2.6
维生素 B$_2$/mg	2.6	0.9
烟酸/mg	9	9
泛酸/mg	12	12
生物素/mg	0.09	0.09
叶酸/mg	0.5	0.5
维生素 B$_{12}$/μg	13	13

附表2-9 种公猪每头每日营养需要量

项目	体重/kg	
	90~150	150 以上
采食风干料/kg	1.9	2.3
消化能/MJ	23.85	28.87
代谢能/MJ	22.90	27.70
粗蛋白质/g	228	276
赖氨酸/g	7.2	8.7
蛋氨酸＋胱氨酸/g	3.8	4.6
苏氨酸/g	5.7	6.9
异亮氨酸/g	6.3	7.6
钙/g	12.5	15.2
磷/g	10.1	12.2
食盐/g	6.7	8.1
铁/mg	135	163
锌/mg	84	101
铜/mg	10	12

续表

项目	体重/kg	
	90～150	150 以上
锰/mg	17	21
碘/mg	0.23	0.28
硒/mg	0.25	0.30
维生素 A/mg	6 700	8 100
维生素 D/IU	340	400
维生素 E/IU	17.0	21.0
维生素 K/mg	3.4	4.1
维生素 B_1/mg	1.7	2.1
维生素 B_2/mg	4.9	6.0
烟酸/mg	16.9	20.5
泛酸/mg	20.1	24.4
生物素/mg	0.17	0.21
叶酸/mg	1.00	1.20
维生素 B_{12}/μg	25.5	30.5

注:配种前一个月,在标准基础上增加 20%～25%;冬季严寒期,在标准基础上增加 10%～20%

二、肉脂型猪饲养标准

附表 2－10　生长肥育猪每日每头营养需要量

体重/kg 指标	20～35	35～60	60～90
预期日增重/g	500	600	650
采食风干料量/kg	1.52	2.20	2.83
饲料/增重/kg	3.04	3.67	4.35
增重/饲料/g/kg	329	273	230
消化能/MJ	19.71	28.54	36.69
代谢能/MJ	18.33	26.61	34.23
粗蛋白质/g	243	308	368
赖氨酸/g	9.7	12.3	14.7
蛋氨酸＋胱氨酸/g	6.4	8.1	7.9
苏氨酸/g	6.1	7.9	9.6

续表

体重/kg 指标	20 ~ 35	35 ~ 60	60 ~ 90
异亮氨酸/g	7.0	9.0	10.8
钙/g	8.4	11.0	13.0
磷/g	7.0	9.1	10.5
食盐/g	4.6	6.6	8.5
铁/mg	84	101	105
锌/mg	84	101	105
锰/mg	3	4	6
铜/mg	6	7	9
碘/mg	0.20	0.29	0.37
硒/mg	0.23	0.33	0.28
维生素 A/IU	1 812	2 622	3 359
维生素 D/IU	278	301	323
维生素 E/IU	15	22	28
维生素 K/mg	2.7	4.0	5.1
维生素 B_1/mg	1.5	2.0	2.8
维生素 B_2/mg	3.6	4.4	5.7
烟酸/mg	20.0	24.0	26.0
泛酸/mg	15.0	22.0	28.0
生物素/mg	0.14	0.30	0.36
叶酸/mg	0.84	1.21	1.56
维生素 B_{12}/μg	15.0	22.0	28.0

附表 2－11　生长肥育猪每千克饲粮中养分含量

指标 ＼ 体重/kg	20～35	35～60	60～90
消化能/MJ	12.97	12.97	12.97
代谢能/MJ	12.05	12.09	12.09
粗蛋白质/%	16	14	13
赖氨酸/%	0.64	0.56	0.52
蛋氨酸＋胱氨酸/%	0.42	0.37	0.28
苏氨酸/%	0.41	0.36	0.34
异亮氨酸/%	0.46	0.41	0.38
钙/%	0.55	0.50	0.46
磷/%	0.46	0.41	0.37
食盐/%	0.30	0.30	0.30
铁/mg	55	46	37
锌/mg	55	46	37
锰/mg	2	2	2
铜/mg	4	3	3
碘/mg	0.13	0.13	0.13
硒/mg	0.15	0.15	0.10
维生素 A/IU	1 192	1 192	1 187
维生素 D/IU	183	137	114
维生素 E/IU	10	10	10
维生素 K/mg	1.8	1.8	1.8
维生素 B_1/mg	1.0	1.0	1.0
维生素 B_2/mg	2.4	2.0	2.0
烟酸/mg	13.0	11.0	9.0
泛酸/mg	10.0	10.0	10.0
生物素/mg	0.09	0.09	0.09
叶酸/mg	0.55	0.55	0.55
维生素 B_{12}/μg	10.0	10.0	10.0

注:磷的给量中应有30%无机磷或动物性饲料来源的磷

附表 2 – 12 后备母猪每日每头营养需要量

体重/kg 项目	小型			大型		
	10 ~ 20	20 ~ 35	35 ~ 60	20 ~ 35	35 ~ 60	60 ~ 90
预期日增重/g	320	380	360	400	480	440
日采食风干料量/kg	0.90	1.20	1.70	1.26	1.80	2.10
消化能/MJ	11.30	15.06	20.05	15.82	22.22	25.48
代谢能/MJ	10.46	14.23	19.25	14.64	20.71	23.81
粗蛋白质/g	144	168	221	202	252	273
赖氨酸/g	6.3	7.4	8.8	7.8	9.5	10.1
蛋氨酸 + 胱氨酸/g	4.1	4.8	5.8	5.0	6.3	7.1
苏氨酸/g	4.1	4.8	5.8	5.0	6.1	6.5
异亮氨酸/g	4.5	5.4	6.5	5.7	6.8	7.1
钙/g	5.4	7.2	10.2	7.6	10.8	12.6
磷/g	4.5	6.0	8.5	6.5	9.0	10.5
食盐/g	3.6	4.8	6.8	5.0	7.2	8.4
铁/mg	64	64	73	67	79	80
锌/mg	64	64	73	67	79	80
锰/mg	1.8	2.4	3.4	2.5	3.6	4.2
铜/mg	4.5	4.8	5.1	5.0	5.4	6.3
碘/mg	0.13	0.17	0.24	0.18	0.25	0.29
硒/mg	0.14	0.18	0.26	0.19	0.27	0.32
维生素 A/IU	1 400	1 500	1 900	1 462	2 016	2 331
维生素 D/IU	160	210	220	224	234	242
维生素 E/IU	9	12	17	13	18	21
维生素 K/mg	1.8	2.4	3.4	2.5	3.6	4.2
维生素 B_1/mg	0.9	1.2	1.7	1.3	1.8	2.1
维生素 B_2/mg	2.4	2.8	3.4	2.9	13.6	4.0
烟酸/mg	9.5	12.6	17.0	15.1	18.0	18.9
泛酸/mg	9.0	12.0	17.0	13.0	18.0	21.0
生物素/mg	0.08	0.11	0.15	0.11	0.16	0.19
叶酸/mg	0.50	0.60	0.08	0.60	0.90	0.10
维生素 B_{12}/μg	12.0	12.0	17.0	13.0	18.0	21.0

注:后备公猪的营养需要量可在大型的基础上增加 10% ~ 20%

附表 2-13　后备母猪每千克饲粮中养分含量

体重/kg 项目	小型			大型		
	10~20	20~35	35~60	20~35	35~60	60~90
消化能/MJ	12.55	12.55	12.13	12.55	12.34	12.13
代谢能/MJ	11.63	11.72	11.34	11.63	11.51	11.34
粗蛋白质/%	16	14	13	16	14	13
赖氨酸/%	0.70	0.62	0.52	0.62	0.53	0.48
蛋氨酸+胱氨酸/%	0.45	0.40	0.34	0.40	0.35	0.34
苏氨酸/%	0.45	0.40	0.34	0.40	0.34	0.31
异亮氨酸/%	0.50	0.45	0.38	0.45	0.38	0.34
钙/%	0.6	0.6	0.6	0.6	0.6	0.6
磷/%	0.5	0.5	0.5	0.5	0.5	0.5
食盐/%	0.4	0.4	0.4	0.4	0.4	0.4
铁/mg	71	53	43	53	44	38
锌/mg	71	53	43	53	44	38
锰/mg	2	2	2	2	2	2
铜/mg	5	4	3	4	3	3
碘/mg	0.14	0.14	0.14	0.14	0.14	0.14
硒/mg	0.15	0.15	0.15	0.15	0.15	0.15
维生素 A/IU	1560	1250	1120	1160	1120	1110
维生素 D/IU	178	178	130	178	130	115
维生素 E/IU	10	10	10	10	10	2
维生素 K/mg	2	2	2	2	2	1
维生素 B_1/mg	1	1	1	1	1	1.9
维生素 B_2/mg	2.7	2.3	2.0	2.3	2.0	1.9
烟酸/mg	16	12	10	12	10	9
泛酸/mg	10	10	10	10	10	10
生物素/mg	0.09	0.09	0.09	0.09	0.09	0.09
叶酸/mg	0.5	0.5	0.5	0.5	0.5	0.5
维生素 B_{12}/μg	13.0	10.0	10.0	10.0	10.0	10.0

附表 2-14　妊娠母猪每日每头营养需要量

体重/kg　项目	妊娠前期				妊娠后期			
	90 以下	90~120	120~150	150 以上	90 以下	90~120	120~150	150 以上
采食风干料量/kg	1.50	1.70	1.90	2.00	2.00	2.20	2.40	2.50
消化能/MJ	17.57	19.92	22.26	23.43	23.43	25.77	28.12	29.29
代谢能/MJ	16.65	18.87	21.09	22.18	22.18	24.39	26.61	27.81
粗蛋白质/g	165	187	209	220	240	264	288	300
赖氨酸/g	5.30	6.00	6.70	7.00	7.20	7.90	8.60	9.00
蛋氨酸+胱氨酸/g	2.90	3.20	3.60	3.80	3.80	4.20	4.50	4.70
苏氨酸/g	4.20	4.80	5.30	5.60	5.60	6.20	6.70	7.00
异亮氨酸/g	4.70	5.30	5.90	6.20	6.20	6.80	7.40	7.8
钙/g	9.2	10.4	11.6	12.2	12.2	13.4	14.6	15.3
磷/g	7.4	8.3	9.3	9.8	9.8	10.8	11.8	12.3
食盐/g	4.8	5.4	6.1	6.4	6.4	7.0	8.0	8.0
铁/mg	98	111	124	130	130	143	156	163
铜/mg	6	7	8	8	8	9	10	10
锌/mg	63	71	80	84	84	92	101	105
锰/mg	12	14	15	16	16	18	19	20
碘/mg	0.16	0.18	0.12	0.22	0.22	0.24	0.27	0.28
硒/mg	0.20	0.22	0.25	0.26	0.26	0.29	0.31	0.33
维生素 A/IU	4 800	5 440	6 100	6 400	6 600	7 260	7 920	8 250
维生素 D/IU	240	272	304	320	320	352	384	400
维生素 E/IU	12	14	15	16	16	18	19	20
维生素 K/mg	2.6	2.9	3.2	3.4	3.4	3.7	4.1	4.3
维生素 B_1/mg	1.2	1.4	1.5	1.6	1.6	1.8	1.9	2.0
维生素 B_2/mg	3.8	4.3	4.8	5.0	5.0	5.5	6.0	6.3
烟酸/mg	12.0	14.0	15.0	16.0	16.0	18.0	19.0	20.0
泛酸/mg	14.6	16.5	18.4	19.4	19.6	21.6	23.5	24.5
生物素/mg	0.12	0.14	0.15	0.16	0.16	0.18	0.20	0.20
叶酸/mg	0.75	0.85	0.95	1.04	1.00	1.10	1.20	1.30
维生素 B_{12}/μg	12	20	23	24	26	29	31	33

附表 2 – 15　妊娠母猪每千克饲粮中养分含量

期别 项目	妊娠前期	妊娠后期
消化能/MJ	11.72	11.72
代谢能/MJ	11.09	11.09
粗蛋白质/%	11.0	12.0
赖氨酸/%	0.35	0.36
蛋氨酸 + 胱氨酸/%	0.19	0.19
苏氨酸/%	0.28	0.28
异亮氨酸/%	0.31	0.31
钙/%	0.61	0.61
磷/%	0.49	0.49
食盐/%	0.32	0.32
铁/mg	65	65
铜/mg	4	4
锌/mg	42	42
锰/mg	8	8
碘/mg	0.11	0.11
硒/mg	0.13	0.13
维生素 A/IU	3 200	3 300
维生素 D/IU	160	160
维生素 E/IU	8	8
维生素 K/mg	1.7	1.7
维生素 B_1/mg	0.8	0.8
维生素 B_2/mg	2.5	2.5
烟酸/mg	8.0	8.0
泛酸/mg	9.7	9.8
生物素/mg	0.08	0.08
叶酸/mg	0.5	0.5
维生素 B_{12}/μg	12.0	13.0

附表 2-16　哺乳母猪每日每头营养需要量

项目 \ 体重/kg	120 以下	120～150	150～180	180 以上
采食风干料量/kg	4.80	5.00	5.20	5.30
消化能/MJ	58.24	60.67	63.10	64.31
代谢能/MJ	56.23	58.58	60.92	62.09
粗蛋白质/g	672	700	728	742
赖氨酸/g	24	25	26	27
蛋氨酸＋胱氨酸/g	14.9	15.5	16.1	16.4
苏氨酸/g	17.8	18.5	19.2	19.6
异亮氨酸/g	15.8	16.5	17.2	17.5
钙/g	30.7	32.0	33.3	33.9
磷/g	21.6	22.5	23.4	23.9
食盐/g	21.1	22.0	22.9	23.3
铁/mg	336	350	364	371
铜/mg	21	22	23	23
锌/mg	211	220	229	233
锰/mg	38	40	42	42
碘/mg	0.58	0.60	0.62	0.64
硒/mg	0.43	0.45	0.47	0.48
维生素 A/IU	8 160	8 500	8 840	9 010
维生素 D/IU	826	860	894	912
维生素 E/IU	38	40	42	42
维生素 K/mg	8.0	8.5	8.8	9.0
维生素 B_1/mg	4.3	4.5	4.7	4.8
维生素 B_2/mg	12.5	13.0	13.5	13.8
烟酸/mg	13.0	15.0	47.0	48.0
泛酸/mg	48.0	50.0	52.0	53.0
生物素/mg	0.43	0.45	0.47	0.48
叶酸/mg	2.4	2.5	2.6	2.7
维生素 B_{12}/μg	62	65	68	69

附表 2 – 17　哺乳母猪、种公猪每千克饲粮中养分含量

性别 项目	哺乳母猪	种公猪
消化能/MJ	12.13	12.55
代谢能/MJ	11.72	12.05
粗蛋白质/%	14	12.0(14.0*)
赖氨酸/%	0.50	0.38
蛋氨酸 + 胱氨酸/%	0.31	0.20
苏氨酸/%	0.37	0.30
异亮氨酸/%	0.33	0.33
钙/%	0.64	0.66
磷/%	0.46	0.53
食盐/%	0.44	0.35
铁/mg	70	71
铜/mg	4.4	5
锌/mg	44	44
锰/mg	8	9
碘/mg	0.12	0.12
硒/mg	0.09	0.13
维生素 A/IU	1 700	3 531
维生素 D/IU	172	177
维生素 E/IU	9	8.9
维生素 K/mg	1.7	1.8
维生素 B_1/mg	0.9	2.6
维生素 B_2/mg	2.6	0.9
烟酸/mg	9	8.9
泛酸/mg	10	10.6
生物素/mg	0.09	0.09
叶酸/mg	0.5	0.52
维生素 B_{12}/μg	13	13.3

注：* 为 90 kg 以下采用的蛋白质量

附表 2-18　种公猪每日每头营养需要量

项目 ＼ 体重/kg	90 以下	90～150	150 以上
采食风干料量/kg	1.4	1.9	2.3
消化能/MJ	17.57	23.85	28.87
代谢能/MJ	16.86	22.89	27.70
粗蛋白质/g	196	228	276
赖氨酸/g	5.3	7.2	8.7
蛋氨酸＋胱氨酸/g	3.1	3.8	4.6
苏氨酸/g	4.2	5.7	6.9
异亮氨酸/g	4.6	6.3	7.6
钙/g	9.2	12.5	15.2
磷/g	7.4	10.1	12.2
食盐/g	5.0	6.7	8.1
铁/mg	99	135	163
铜/mg	7	10	12
锌/mg	62	84	1.1
锰/mg	13	17	21
碘/mg	0.17	0.23	0.28
硒/mg	0.18	0.25	0.30
维生素 A/IU	4 943	6 709	8 121
维生素 D/IU	248	336	407
维生素 E/IU	12.5	16.9	20.5
维生素 K/mg	2.5	3.4	4.1
维生素 B_1/mg	1.3	1.7	2.1
维生素 B_2/mg	3.6	4.9	6.0
烟酸/mg	12.5	16.9	20.5
泛酸/mg	14.8	20.1	24.4
生物素/mg	0.13	0.17	0.21
叶酸/mg	0.73	1.00	1.20
维生素 B_{12}/μg	18.6	25.4	30.6

注：配种前一个月，标准增加 20%～25%；冬季严寒期，标准增加 10%～20%

附录 3　无公害食品　生猪饲养管理准则(NY 5033 – 2001)

1. 范围

本标准规定了无公害生猪生产过程中引种、环境、饲养、消毒、免疫、废弃物处理等涉及生猪饲养管理的各环节应遵循的准则。

本标准适用于生产无公害生猪猪场的饲养与管理,也可供其他养猪场参照执行。

2. 规范性引用文件

下列文件中的条款通过本标准的引用而成为本标准的条款。凡是注日期的引用文件,其随后所有的修改单(不包括勘误的内容)或修订版均不适用于本标准,然而,鼓励根据本标准达成协议的各方研究是否可使用这些文件的最新版本。凡是不注日期的引用文件,其最新版本适用于本标准。

GB 8471 猪的饲养标准

GB 16548 畜禽病害肉尸及其产品无害化处理规程

GB l6549 畜禽产地检疫规范

GB 16567 种畜禽调运检疫技术规范

NY/T 388 畜禽场环境质量标准

NY 5027 无公害食品　畜禽饮用水水质

NY 5030 无公害食品　生猪饲养兽药使用准则

NY 5031 无公害食品　生猪饲养兽医防疫准则

NY 5032 无公害食品　生猪饲养饲料使用准则

3. 术语和定义

下列术语和定义适用于本标准。

3.1　净道。猪群周转、饲养员行走、场内运送饲料的专用道路。

3.2　污道。粪便等废弃物、外销猪出场的道路。

3.3　猪场废弃物。主要包括猪粪、尿、污水、病死猪、过期兽药、残余疫苗和疫苗瓶。

3.4　全进全出制。同一猪舍单元只饲养同一批次的猪,同批进、出的管理制度。

4. 猪场环境与工艺

4.1　猪舍应建在地势高燥、排水良好、易于组织防疫的地方,场址用地应符合当地土地利用规划的要求。猪场周围 3 km 无大型化工厂、矿厂、皮革、肉品加工、屠宰场或其他畜牧场污染源。

4.2　猪场距离干线公路、铁路、城镇、居民区和公共场所 1 km 以上,猪场周围有围墙或防疫沟,并建立绿化隔离带。

4.3　猪场生产区布置在管理区的上风向或侧风向处,污水粪便处理设施和病死猪处理区应在生产区的下风向或侧风向处。

4.4　场区净道和污道分开,互不交叉。

4.5　推荐实行小单元式饲养,实施"全进全出制"饲养工艺。

4.6　猪舍应能保温隔热。地面和墙壁应便于清洗,并能耐酸、碱等消毒药液清洗消毒。

4.7　猪舍内温度、湿度环境应满足不同生理阶段猪的需求。

4.8　猪舍内通风良好,空气中有毒有害气体含量应符合 NY/T 388 要求。

4.9　饲养区内不得饲养其他畜禽动物。

4.10　猪场应设有废弃物储存设施,防止渗漏、溢流、恶臭对周围环境造成污染。

5. 引种

5.1　需要引进种猪时,应从具有种猪经营许可的种猪场引进,并按照 GB 16567 进行检疫。

5.2　只进行育肥的生产场引进仔猪时,应首先从达到无公害标准的猪场引进。

5.3　引进的种猪,隔离观察 15 ~ 30 d,经兽医检查确定为健康合格后,方可供繁殖使用。

5.4　不得从疫区引进种猪。

6. 饲养条件

6.1　饲料和饲料添加剂

6.1.1　饲料原料和添加剂应符合 NY 5032 的要求。

6.1.2　在猪的不同生长时期和生理阶段,根据营养需求配制不同的配合饲料,营养水平不低于 GB 8471 要求。不应给肥育猪使用高铜、高锌日粮,建议参考使用饲养品种的饲养手册标准。

6.1.3　禁止在饲料中额外添加 β - 兴奋剂、镇静剂、激素类、砷制剂。

6.1.4　使用含有抗生素的添加剂时,在商品猪出栏前,按有关准则执行休药期。

6.1.5　不使用变质、霉败、生虫或被污染的饲料。不应使用未经无害处理的泔水、其他畜禽副产品。

6.2　饮水

6.2.1　经常保持有充足的饮水,水质符合 NY 5027 的要求。

6.2.2　经常清洗消毒饮水设备,避免细菌滋生。

6.3　免疫

6.3.1　猪群的免疫符合 NY 5031 的要求。

6.3.2　免疫用具在免疫前后应彻底消毒。

6.3.3　剩余或废弃的疫苗以及使用过的疫苗瓶要做无害化处理,不得乱扔。

6.4　兽药使用

6.4.1　保持良好的饲养管理,尽量减少疾病的发生、减少药物的使用量。

6.4.2　仔猪、生长猪必须治疗时,药物的使用要符合 NY 5030 的要求。

6.4.3　育肥后期的商品猪,尽量不使用药物,必须治疗时,根据所用药物执行停药期,达不到停药期的不能作为无公害生猪上市。

6.4.4　发生疾病的种公猪、种母猪必须用药治疗时,在治疗期或达不到停药期的不能作为食用淘汰猪出售。

7. 卫生消毒

7.1　消毒剂

要选择对人和猪安全、没有残留毒性、对设备没有破坏、不会在猪体内产生有害积累的消毒剂。选用的消毒剂应符合 NY 5030 的规定。

7.2　消毒方法

7.2.1　喷雾消毒

用一定浓度的次氯酸盐、有机碘混合物、过氧乙酸、新洁尔灭等,用喷雾装置进行喷雾消毒。主要用于猪舍清洗完毕后的喷洒消毒、带猪消毒,以及猪场道路和周围、进入场区车辆的消毒。

7.2.2　浸液消毒

用一定浓度的新洁尔灭、有机碘混合物或煤酚的水溶液,进行洗手、洗工作服或胶靴。

7.2.3　熏蒸消毒

每立方米用福尔马林(40% 甲醛溶液)42 ml、高锰酸钾 21 g,21 ℃以上温度、70%以上相对湿度,封闭熏蒸 24 h。甲醛熏蒸猪舍应在进猪前进行。

7.2.4　紫外线消毒

在猪场入口、更衣室,用紫外线灯照射,可以起到杀菌效果。

7.2.5　喷撒消毒

在猪舍周围、入口、产床和培育床下面撒生石灰或火碱,可以杀死大量细菌或病毒。

7.2.6　火焰消毒

用酒精、汽油、柴油、液化气喷灯,在猪栏、猪床猪只经常接触的地方,用火焰依次瞬间喷射,对产房、培育舍使用效果更好。

7.3　消毒制度

7.3.1　环境消毒

猪舍周围环境每 2～3 周用 2% 火碱消毒或撒生石灰 1 次;场周围及场内污水池、排粪坑、下水道出口,每月用漂白粉消毒 1 次。在大门口、猪舍入口设消毒池,注意定期更换消毒液。

7.3.2　人员消毒

工作人员进入生产区净道和猪舍要经过洗澡、更衣、紫外线消毒。严格控制外来人员,必须进生产区时,要洗澡、更换场区工作服和工作鞋,并遵守场内防疫制度,按指定路线行走。

7.3.3　猪舍消毒

每批猪只调出后,要彻底清扫干净,用高压水枪冲洗,然后进行喷雾消毒或熏蒸消毒。

7.3.4 用具消毒

定期对保温箱、补料槽、饲料车、料箱、针管等进行消毒,可用0.1%新洁尔灭或0.2%~0.5%过氧乙酸消毒,然后在密闭的室内进行熏蒸。

7.3.5 带猪消毒

定期进行带猪消毒,有利于减少环境中的病原微生物。可用于带猪消毒的消毒药有:0.1%新洁尔灭、0.3%过氧乙酸、0.1%次氯酸钠。

8. 饲养管理

8.1 人员

8.1.1 饲养员应定期进行健康检查,传染病患者不得从事养猪工作。

8.1.2 场内兽医人员不准对外诊疗猪及其他动物的疾病,猪场配种人员不准对外开展猪的配种工作。

8.2 饲喂

8.2.1 饲料每次添加量要适当,少喂勤添,防止饲料污染腐败。

8.2.2 根据饲养工艺进行转群时,按体重大小强弱分群,分别进行饲养,饲养密度要适宜,保证猪只有大的躺卧空间。

8.2.3 每天打扫猪舍卫生,保持料槽、水槽用具干净,地面清洁。经常检查饮水设备,观察猪群健康状况。

8.3 灭鼠、驱虫

8.3.1 定期投放灭鼠药,及时收集死鼠和残余鼠药,并做无害化处理。

8.3.2 选择高效、安全的抗寄生虫药进行寄生虫控制,控制程序符合 NY 5031 的要求。

9. 运输

9.1 商品猪上市前,应经兽医卫生检疫部门根据 GB 16549 检疫,并出具检疫证明,合格者方可上市屠宰。

9.2 运输车辆在运输前和使用后要用消毒液彻底消毒。

9.3 运输途中,不应在疫区、城镇和集市停留、饮水和饲喂。

10. 病、死猪处理

10.1 需要淘汰、处死的可疑病猪,应采取不会把血液和浸出物散播的方法进行扑杀。传染病猪尸体应按 GB 16548 进行处理。

10.2 猪场不得出售病猪、死猪。

10.3 有治疗价值的病猪应隔离饲养,由兽医进行诊治。

11. 废弃物处理

11.1　猪场废弃物处理实行减量化、无害化、资源化原则。

11.2　粪便经堆积发酵后应做农业用肥。

11.3　猪场污水应经发酵、沉淀后才能作为液体肥使用。

12. 资料记录

12.1　认真做好日常生产记录,记录内容包括引种、配种、产仔、哺乳、断奶、转群、饲料消耗等。

12.2　种猪要有来源、特征、主要生产性能记录。

12.3　做好饲料来源、配方及各种添加剂使用情况的记录。

12.4　兽医人员应做好免疫、用药、发病和治疗情况记录。

12.5　每批出场的猪应有出场猪号、销售地记录,以备查询。

12.6　资料应尽可能长期保存,最少保留 2 年。

参考书目

[1]陈润生.猪生产学[M].北京:中国农业出版社,1995.

[2]魏国生,王希彪.实用养猪新技术[M].哈尔滨:黑龙江科学技术出版社,1997.

[3]陈清明,王连纯.现代养猪生产[M].北京:中国农业大学出版社,1997.

[4]魏国生.动物生产概论[M].北京:中央广播电视大学出版社,2000.

[5]李立山,张周.养猪与猪病防治[M].北京:中国农业出版社,2006.

[6]张宝荣,张闯.猪标准化生产技术周记[M].哈尔滨:黑龙江科学技术出版社,2007.

[7]李玉冰,越晨霞.无公害畜禽产品生产技术[M].北京:中国农业科学技术出版社,2008.

[8]王爱国.现代实用养猪技术:第3版[M].北京:中国农业出版社,2008.

[9]郭宗义,王金勇.现代实用养猪技术大全[M].北京:化学工业出版社,2010.

[10]李立山.猪生产[M].北京:中国农业出版社,2011.

[11]丰艳平,刘小飞.养猪生产[M].北京:中国轻工业出版社,2011.

[12]耿明杰,常明雪.动物繁殖技术[M].北京:中国农业出版社,2013.

[13]朱兴贵.养猪与猪病防治[M].北京:中国轻工业出版社,2014.

[14]刘清海,梁铁强.新编实用科学养猪[M].哈尔滨:黑龙江科学技术出版社,1998.

[15]李文英.猪饲料配方700例[M].北京:金盾出版社,1999.

[16]赵书广.中国养猪大成[M].北京:中国农业出版社,2000.

[17]王熙福,曾昭光.猪饲养管理疾病防治技术[M].北京:中国农业大学出版社,2003.

[18]王林云.现代中国养猪[M].北京:金盾出版社,2007.